成本幫你做事

COST IS EVERYTHING

施耀祖——著

序

數字令許多人迷惘，完全以數字來表達的各項成本數據，更讓絕大部分的人望而生畏，避而遠之，遑論深究其理進而援引為強化經營管理之鑰。如果各項成本的統計，不過是常識的交互運用就可輕易獲得的資訊，那麼企業內所有的人，從日常生活的經驗知識中，則可以隨時做出最有利於企業的判斷。

本書撰寫的成本統計方式，旨在打破成本統計過度複雜難懂的藩籬，以常識為基礎，將企業中和成本相關的營運事項，逐一拆解為許多的基本單元。每一個基本單元都是大部分人熟知的事，因為範圍縮小了，則很容易算出它固定的花費，它們像樂高積木，可以依據個別使用者的需要，拼湊出許許多多的組合，這些各式各樣組合的成本，在使用者選擇基本單元後，立即得知。希望這種成本統計的模式，可以讓非專精於財會領域的管理者和員工，輕易地進入成本的範疇。

精確而細緻的成本架構，原本就是良善制度下的產物。為了得到真實的成本數據，間接地促使企業重新檢視現有制度的缺陷。書中在闡述成本架構準備工作和成本費用統計的過程中，隨時點出企業最常見和容易忽略的問題，如果多加留意，可能因此得到許多意料之外的收穫。

本書得以付梓，緣於作者任職復盛公司期間，主持諸多專案實務經驗的累積，經實務驗證過的經驗，褪去了理論知識的虛幻和桎梏，有需要者容易上手運用，避免一些不必要的前人覆轍，又可以讓時間所堆積的經驗有了系統化傳遞的出路，對企業的管理因此有些許助益，豈不快哉！

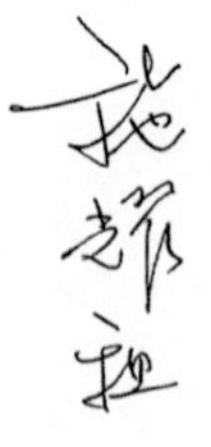

運用

前言

如果不計成本，世間沒有做不到的事

因為成本的考量，讓很多的人裹足不前，讓很多的事不得不改弦更張，看似不起眼的成本，無形中卻主宰了全部的人和事。

大部分的人從生活經驗中體認到成本的意義。

相同的東西售價如果不同，幾乎所有的人都會選擇價錢較低的購買。因為效益不變如果花費的成本較低，那麼在你有限的收入中，就可以留下更多的錢，獲得更大的效益和滿足。絕大部分正為生存而忙碌不堪的人，經常性的收入總是捉襟見肘，實質擁有的財富也屈指可數，在開源並不容易的情況下，如果要發揮既有錢財的最大功效，挑選成本較低但功效不變的事，顯然是個人能力掌控範圍內最容易做到的事。挑選於是成為日常生活最常有的行為，幾乎演變成一種本能反應。

很多時候，付出的費用受到定額的約束，個人並沒有太多彈性調整的空間，這個時候你很自然地會轉而選擇能獲得較大效益的事。在標示固定售價堆積如山的水果攤，總會見到婆婆媽媽們各憑本事，挑選個頭碩大、外觀美麗的水果放在購物籃中。這是成本概念另一種形式的顯現。

如果你財力雄厚，而且不在乎花錢，親自挑選就不再那麼重要。那些昂貴的物品都經過專業人士精挑細選，他們在特殊領域的專業能力遠非一般人可及。相信他們可能就是花大錢的人唯一要做的事，代價當然是所費不貲。

中國有句俗諺：「有錢能使鬼推磨」。看似戲謔之詞，卻傳神地道出錢財橫跨陰陽兩界，妙用無窮的超大能耐。相對的呈現一個不易否定的認知：如果不計成本，那麼沒有做不到的事。但是現實生活中這樣的狀況鮮少發生，因為世事無常，萬貫家財敗光者舉目皆是。

成本的考量，使一件事情的執行難度因此而驟增，企業就在解決這些難度的技巧上分出高下。有本事以較低的成本做完一件事或製造出產品，利潤歸其所有。花費成本較高的，就得藉創新和差異，從高附加價值中獲利。如果兩者均非，淘汰是唯一的結果。

在一個自由化程度高，幾乎是完全競爭的社會，差異化產品或服務的塑造和維持並不是件容易的事。它經常在極短時間內，被競爭對手刻意的模仿或迎頭趕上，而淪為一般性的共同商品，墜入售價和成本砍殺的大混池中。因此企業對成本認知的敏感和控管技巧的探討和精進，在無可規避之下，只有持續的勇於面對。

財會所統計的成本有滿足管理層面的要求嗎？

買一樣東西到底花費了多少的成本？一般人計算買東西的支出，那真是輕而易舉的基本算術。成本可能只是那件物品的售價，或再加上送到指定地點的運費，稍為複雜點可能得計入進口關稅。大部分的情況是只需簡單加總金額、比較金額的多寡、盤算支付的能力和效益後，就能決定採買的對象和方式。

企業中談到成本，絕大部分甚至可能是全部的人就傻眼了。

因為企業行為的多樣和複雜，使得成本的計算只能依賴財會專業人員方知其所以。當企業的員工不能輕易的計算和得知他做這件事所耗費的成本，相對的就無從量化它的效益，他就不可能做出正確的判斷或避免浪費。於是為數眾多的基層員工，負責管理的中階管理者，甚至制定策略的高階主管，僅能憑藉直覺、經驗、想像，在摸索中做事，走一步算一步，由嘗試錯誤中探索可能有效的做事方式、成功的機會和途徑。無效率的做事方式、沒有意義的行為、任意的購置物品、不會被注意到的廢棄和閒置物品、過份僵化的做事程序、聘僱太多的人力等等，浪費企業寶貴資源及消耗獲利的作為，充斥在企業組織的各個單位和角落。

當專業人員的頭銜加諸於身，在長期的專注和滿足他人的期望之下，其他領域的知識易受到忽視，知識的範疇免不了侷限在設定的偏狹範圍內。專業人員為便於同領域內人員的快速溝通，都會發展出該領域獨有的專門術語和精微的定義。終日的浸淫、鑽研，一件原本看似簡單的觀念、事務或數字，常被過度細化得複雜難懂。專業領域所建構的厚牆於焉形成，牆外人摸不著進入圍牆的門路，在牆內的人也樂得自以為是。

財會專業就是典型的例子，又因政府為解決財會、稅務法規不夠完備，隨情勢轉變和時間推移而累積下來的複雜解釋，使得圈外人對財會人員所解析的事項，大部分的時候只有仔細聆聽的份，而難以置喙。企業的各項成本數字，就在這種時空背景下，呈現在管理人員面前。

以有限領域內的專業知識，統計得到的成本數字，真的對企業的營運有正面實質的幫助嗎？

作業的繁複和定時產出資料的壓力，讓那些專精於財會手法的專業人士幾乎無暇他顧；現代企業的多樣與複雜，進一步阻絕他們深入認知企業內部各功能單位詳細的運作內容，因此他們很難清晰明確的掌握住經理人在日常管理層面的真正需求，那些可以帶來管理實質效益的成本數字也就不會主動的呈現出來。於是財會單位所統計的成本數據，以滿足政府財稅稽核單位在稽徵上的需求為最大的用途，或者供銀行決定貸款受信額度的參考。

經營管理者到底需要哪些成本資訊？

企業提供任何的服務、生產或銷售一項產品時，都得投入人力和物力，這些相關人力物力費用的總和，就是該項行為的成本。當企業因此所獲得的收益大於投入的成本達一定的比例時，企業做這件事情所支付的人力和物力，才符合企業營利的宗旨產生意義。

如果企業中所有的行為都滿足這樣的要求，最終獲利自然可期。但是許多企業的行為，並不完全依循和符合如此簡單的邏輯，他們會不自覺做一些不合成本效益的舉動，因而虛耗寶貴的資源，抵銷了部分已經到手的獲利。

依常理推斷，經營管理者應該不會如此白目，故意做一些會帶來負效益的事來毀損企業的利益。如果企業內有人即時提供這些舉動正確的成本數據，管理者的決策就更能帶來正面效益，免於受個人喜好、直覺和經驗左右其行為而帶來風險。

經營管理者到底需要哪些成本資訊，來協助他做正確的決策呢？

最為人所熟知且不可或缺的，就製造工廠而言是產品成本，就服務類型的企業而言，則是產品成本和銷售與服務成本。當售價或收費的金額已知，減掉所有的成本後即是獲益，如此簡單的算術人人都會。但是工廠生產的產品或企業銷售與服務的項目，不會只有一種，縱使是相同的產品或服務項目，產品生產的程序、使用的器械或服務的內容，也可能隨時而異不盡相同。不同時期使用的材料價格，隨市場供需的鬆緊變動，生產過程有時順利有時問題不斷，被服務的對象也可能狀況各異，加上人員的變動，這些因素都會使生產或服務成本，產生些微至巨大的差異，同時不可忽略客戶的特殊需求和批次數量多寡所帶來的影響。各式各樣變化因素的隨機組合，使成本統計變得極端複雜，加上產品售價因客戶關係、促銷活動、購量大小、客戶競爭等因素而異，每一筆訂單得分別計算實質獲益，才能正確的評估對應搭配的銷售和生產行為是否值得去做。

如果這些變化因素因為計算複雜，而被簡化省略成單一的成本，失真於焉產生。此時經營決策者就好像矇眼執行盲目管理，結果好壞全憑運氣了。

企業內除了必須支付和生產、銷售與服務直接相關的費用外，還有很大一部份的費用，是用來協助這些事件的順利進行。它們大部分是由處理事情的一長串程序所組成。每一個程序或多或少得耗用一些人力和物力，如果程度過於繁複、時間拖長、效率不佳，堆疊而成的費用就相當驚人。絕大部分的企業將這些費用以包裹方式整批看待，因此各種浪費得以隱身其中。因為缺乏明確的數據，企業經營管理者縱使察覺某些行為或措失失當，也常有無從下手糾正之惑。

假設處理一件事情所耗用的成本能被明確的揭露，精明的管理者從所支用的成本費用數據，憑直覺和經驗，就能輕易的判斷做這件事的步驟、方法、使用的人力與時間，是否必要、符合常理與成本效益，所提出的糾正舉措也比較能切中弊病。

除了程序、方法不當、過多的人力與效率不佳會形成浪費外，任意的採購、儲存、過多的庫存與閒置品、不良或過剩的品質、研發時程的延宕與失敗、報價錯誤、延遲交貨、收款延遲、反應遲緩，甚至於沒有必要的會議、溝通、信件傳遞、規定，與組織不當的變動、配置，都會形成浪費。這些都可以運用成本計算的方法，將看似抽象的感覺轉化為明確的數據，藉以分析這些行為的恰當與否，達到改正與預防的效果。

成本統計可以將企業中絕大部分的行為都轉化為量化的數據：金錢，經由和標準值或經驗值的比較，客觀的來衡量各種行為的適當性。當企業中絕大部分的行為或決策都恰如當為，經營管理者所企求的利潤自然可期。

統計成本並不複雜

企業內的行為看似多樣又複雜，若以金錢度量其花費，由內含之基本元素分析，則相形單純。

企業支付薪水雇用員工做事，他們的工作時間都可以被精確的記錄，因此每一位員工每一分鐘所耗費的金錢非常明確。員工做某件事所耗用的時間，透過單位時間企業所支付的薪資費用，使用的時間立刻轉換為耗用之金錢；做一件事經常得花錢買東西或利用一些設備，這些費用有些可以直接的歸諸在這件事情上，有些則可能和其他事情共用而分攤一部分的金錢；事情也經常需要他人從旁協助，那麼他人耗用時間所花費的薪資也得算在內；全部加總就是這個人做這件事情的所有成本了。成本統計，似乎並不困難。

統計成本前的準備工作

統計成本，這件看似不難的事情，為何在企業中卻始終如燙手山芋般，人人避而遠之？經營管理者欲知卻又常不得其詳？經營運作模式欠缺明確的規範，是讓處理成本問題的人處處面臨荊棘的主因。

為了處理交易相關的所有事情所以成立企業，企業內的大小事情都得依賴人來處理，人於是成為企業的組成要素。處理的事情不斷重現，要維持一定的處理水準，以贏得客戶的信賴和保有效率增加競爭力，自然形成固定的作業程序。這些事情或許不單純，數量也多到一人難以獨立完成，分工在所難免，因而員工人數逐漸增加，工作性質區分成形，慢慢地經營管理者分身乏術，已難兼籌並顧，權力得適度地釋出下放，企業組織的雛形初現。

在這種情況下，經營管理者如果想要知道做某一件事情所耗費的金錢，以便評估其適當與否，顯然他得將做這件事情的步驟、程序搞清楚或固定下來，還得知道各個程序是由哪一種性質的員工在處理和花費多少時間，才能依據企業支付給這些員工每分鐘的薪資統計出所耗用的金錢。

時境遷移不輟，以往的作業程序必然不敷現時的需求，如果要呈現最新的成本訊息，與時俱進的調整機制是基本的要求。

明確的作業程序，各作業步驟指定人員的要求條件，期望的作業時間，及作業程序隨時更新的調整機制，成為統計成本前的基礎準備工作之一。簡而言之，企業得先建立它的標準作業程序及修正機制。

企業中如果對每一件細緻的事情，每一樣細小的項目，不分大、小、輕、重，都分別呈現支出的費用，這些多如牛毛、紛雜無序、如流水帳般的數據，必然不會引起任何人的注意也就失去它的意義。如果將這些基礎數據，依屬性適度的分類、分型、整合，連結上日常運作所熟知的情境與用語，那麼它所呈現的成本數字，則容易被一般員工和經營管理者所理解和運用。這些元素在任意挑選下，可得到許多新的組合，並快速的獲知預估成本，用來評估新的交易行為或新做法，非常有幫助。

依據企業實際的運作狀態和可能的變化，將產品製造、銷售、服務和做事的模式適當的分類，建立彼此間合於邏輯的層次關係，是統計成本前另一項基礎準備工作。

不論處理事情的程序為何，都得由人來完成，相同的事情或程序如果由不同的人執行，可能因為支領薪水的差異產生不同的成本。如果企業想要固定和控制成本，以免費用超支，就得非常清楚的設定做這件事或處理這個程序適切等級的員工。層級過高的員工，卻去執行低階的工作是一種浪費；反過來，層級過低，雖然表面上看來成本較少，但把事情做壞或處理時間拖長的機率大增，可能招致更多的損失。因此企業得訂定各類型員工的職位名稱和薪資級距，當這些資訊和作業程序中指定的工作人員結合時，處理某件事情所耗用的人工成本則能獲知。人員、職位和薪資與時俱變，明確且即時更新的職位、薪資、異動機制，是統計成本基礎準備工作之三。

企業的組織隨著業務量的成長而膨脹，事情與人數增多後，隨之衍生管理問題，管理職和幕僚職應運而生。管理職和幕僚職的工作內容，和某一件事情的處理程序，通常缺乏直接明確的關係，但是又存在一些關連，很難以時間準確的度量其耗時。他們的薪水，得想個法子適度的分配至有相關的事務中，以免成本失真。

這些和用來計算成本的事情有一些相關的人，順理成章被稱為間接人員，以便和處理事情直接相關的直接人員區隔。恰當的分攤方式可以將間接人員的薪資找到合宜的歸屬。

不只一個單位內的人員有直接、間接的區分，有些單位的工作全屬協助性質，因而有直接、間接單位之別。這些單位的費用，同樣可以採分攤模式找到歸屬。直接、間接人員與直接、間接單位的詳細定義與分野，是統計成本準備工作之四。

要把間接人員的薪資或間接單位的費用分攤到某一個被處理事情的某個程序內，顯然得找一個合理、方便統計、可避免爭執與錯誤解讀，大家都認同的基礎。分攤的模式有許多種，也各有千秋，但最常見的分攤基礎，最終還是回歸到處理事情所耗用的時間上，因為大部分人都可以接受如下的說法：處理事情花的時間越多，需要用到的資源和協助也愈多。因此建立一個能完整記錄每一件事情各個處理程序所耗費時間的機制，不僅可以反映處理事情當時狀態下的直接人工成本，也可以用做間接人工成本分攤的基礎，它成為統計成本準備工作之五。

企業生產一項產品、提供一種服務或銷售一樣東西，除了人力的投入是關鍵因素外，生產產品還得購買許多的材料和零件、機械設備與工具，運用電力加工或組裝成產品；如果企業最主要的業務是提供一項服務，則需要租用或購置辦公場所、添置辦公設備；若是銷售一樣東西，得買入貨品、花點錢做廣告裝飾門面好吸引客人上門，並提供售後服務；這些花費都是成本，一樣也不能遺漏。

說到材料和零件，我們只需要把手邊任何一樣簡單的東西拆解，就會明白它是由許多的大小零件所組成。如果對這樣東西不具備基本的認知和稍許的機械常識，大部分的人都無法順利的還原。大部分企業所製造的產品，複雜度遠高於此，零組件多不勝數，企業未將產品和零組件之間的關係，詳細列表並即時更新，要準確的統計某一項產品所耗用的零件成本，幾乎是不可能的事。

零件的前身是材料，連帶的材料也得被明確的規範，方能計算材料的花費。因此要統計製造產品的成本，產品所使用的零件和材料清單，都得清晰明確並隨時更新。建立這兩樣資訊和維護資料的正確，是統計成本準備工作之六。

企業除了聘僱員工支付薪水來處理事情，付錢購買材料、零件來製造產品外，還得支付許多其他的費用，才能讓各項事情順利的推展。這些項目極為複雜，有謂開門七件事：柴、米、油、鹽、醬、醋、茶樣樣需要錢，這些費用都是成本的一部分。開支比較龐大的如：機械、儀表、工具、電腦、辦公設備等之購買與租用，小至原子筆、名片印製等等雜支，都得明確的歸屬至單位或事件中，歸屬的方式還得符合企業所在地稅務機關的規則。此為統計成本準備工作之七。

由此觀之，企業如果想要即時而正確的顯示每一項商業行為或商品的真實花費，得把企業內所有的事、物和行為都標準化、制度化，清晰的分類、完整的記錄每一件事情所花費的時間，建立詳細的資訊並即時更新。換句話說，真實成本的計算，不只是單純統計數字，而是得花相當的精神，將企業管理行為整理提升至制度化的水準。

綜言之，得事先做好下列的基礎準備：

1. 建立標準作業程序及修正機制
2. 依據企業實際的運作狀態和可能產生的變化，將產品製造、銷售、服務和做事的模式適當的分類，並建立彼此間合於邏輯的層次關係。
3. 具備明確且即時更新的職位、薪資、異動機制
4. 直接、間接人員與直接、間接單位的詳細定義與分野
5. 建立一個能完整的記錄每一件事情各處理程序耗費時間的機制，並確定費用分攤的方式

6. 建立製造產品所使用的零件、材料和耗料清單，並具備即時更新維護的功能

7. 明確的資產清冊、歸屬對象和合於法規的費用分攤規則

這些基礎準備工作，既複雜又細緻，涉及企業經營的各層面和所有事務，因此絕非一個單位或少數的個人可以獨立或輕易的做到。成本從表面上看來和費用的統計相關，因此許多企業總是將計算成本的全部事情，都交由財會單位或兼具財會功能的管理單位負責建制，基礎準備工作難臻完善，所得到的成本數據自然不能完全滿足經營管理者或使用單位的實際需求，不是準確度遭受質疑，就是不具即時性或不能充分的顯示需要關注項目的資訊。財會人員由於不具備企業經營管理各面向充分而完整的經驗與知識，受到質疑時既無從辯解只好搪塞了事。原本可用來有效提升經營管理品質的成本數據，因此未能完全發揮效益，令人遺憾。

準備

建立標準作業程序及修正機制

學校教育是學子在建立基礎知識階段，系統化有步驟的獲得知識最重要的平台。人類社會在演進過程的數千年中，不計其數的聰明人傾其所有，將人生經歷的所知所得，分門別類紀錄整理，逐步累積成彌足珍貴有系統的知識，並且毫不吝嗇的公諸於眾，這些都成為年輕學子建立基礎知識的教材。我們都受益於如此的教育體系，人類社會也因此得以維繫現狀並往前推進。這些知識若是愈有系統，知識的傳遞就愈快。許多的事情和道理，不再需要親身經歷，浪費時間從錯誤中學習就能心領神會，社會因此減少倒退的機率，當倒退的力量減弱，往前進步的動力和幅度則增大。站在前人的肩膀上，可以看得更遠。

從這個角度來看企業的變化，它和社會演進的特質極為近似。創業者和初期的工作夥伴，在驚濤駭浪不計其數的試驗中，很快的找到求生的法子，並逐步的建立自己獨特的優勢且賴已茁壯。如果這些經嘔心瀝血形塑成的做事方式，能被詳細的規範並紀錄，企業在不斷成長的過程中，新加入團隊的成員或新調整職務的同仁，從完整的文獻中，很快的就能獲得所有的基礎知識和處理事情的有效方法，不必再經歷那些可避免的試誤過程，企業進步的速度和幅度，必然相對的大於沒有相同作為的企業。

這些經過時間的淬煉，被固定下來的做事方式，通常被稱為「標準作業程序」。

‧認識「標準」

企業中大部分的事情，會不斷的發生並被重覆的處理，而且相同性質的事情，可能分別由不同的人處理。如果每位經手的員工都加入一些個人的主意，同樣一件事得到的結果就可能不同，也不容易被事先預期，好像不定時的炸彈，成為企業難以掌握的風險。所以企業得將這些經證實可行，被固定下來的做事方式，冠以「標準」之名，要求所有做這件事情的員工，都得按照規定執行，以確保這個作業程序進行後得到一致的結果。

一致結果的要求，在攸關集體或個人生命安全的飛行器和交通工具的安全保證上，特別受到關注，因為稍有閃失，一瞬間將喪失數以百計無辜的生命。軍用武器的維護和軍令系統的作業程序，尤其得按照規定操演，藉以確保運用得恰當，畢竟倘有疏失，影響所及超乎想像，戰事勝負可能因此而翻盤，誇而言之，甚至殃及國之敗亡。

企業中如果沒有標準作業程序，或有作業程序但不標準，或員工未按規定確實執行，那麼經營管理者除了難以掌握事情處理結果的一致性和風險難以預測，營運的無效率和衍生的浪費，也同時隱身在多變不明確的各個處理程序中。不僅難以建立客戶對企業的信賴，獲得藉以長久往來的好評，也連帶的減損企業的競爭力和獲利。許多的經營管理者和他帶領的主管們，以勤於任事到處滅火的工作模式，來彌補欠缺標準作業可以預防的缺陷，長期無休止的付出以致心焦力疲。勤雖然可以補拙，然終非長久之計，同樣的心力如果用在關鍵之處，雖施小力卻足以撼千斤之重。

作業程序既以「標準」名之，即明確的指出處理這件事情的任何一位員工，都得依循「標準作業程序」規定的步驟和方法來執行，沒有私下變通更動的空間，以確保相同的事情獲得一致的處理。

如果標準作業程序所規定的步驟和方法，實際執行時確有困難，只有重新檢視、修訂或乾脆取消這兩種選擇。

・訂定標準作業程序的人

標準作業程序攸關所有員工處理事情所依循的規範、準則，處理事情的結果因此可以預期，企業可控制的風險，都限縮在經營管理者管控容忍範圍之內，企業不可預測的風險可以降到最低，客戶得到最大的滿意度，企業的效率可期，損失也在合理範圍內。具有這些直接與間接功效的標準作業程序的草擬和審訂，顯然是企業內部管理非常慎重的一件事，當然也是經營管理者職責內重要關注之事。

除了以親力親為的裁示，突顯這件事情的重要外，管理者還得借助於各功能部門主管對所轄工作領域的專業知識，和各作業程序實際執行者對作業步驟、方法的熟悉和體會，共同制定標準作業程序，使標準作業程序兼具管理和實用的雙重標準。

環境的快速變遷，逼使現代的企業得具備快速應對的能力，賴以在激烈競逐中存活。一個在審訂當時看似有效率可解決多種需求的標準作業程序，如果不能與時俱進，逐漸淪為僵硬的制度，反而成為促使企業陷入困境或被淘汰的元兇。政府機構不符合現代潮流，不知變通的規定和做法，常使接觸政府機構的民眾跳腳卻無計可施。在完全自由競爭無特別保障的企業叢林中，類似的企業在現實優勝劣敗的遊戲規則下，必然很快的銷聲匿跡。

企業經營管理者以謹慎的態度訂定標準作業程序，為免於僵化，還得以戒慎之心同時建立起標準作業程序修正的機制。常設的標準作業程序委員會，是促成這兩項工作真正被落實的主體。它由最高經營管理者、各功能部門主管所組成，各標準作業程序的主要執行與維護者，視需要短暫的加入陣容提供實務的心得，定期共同檢討各標準作業程序的實用度、缺陷，提出新的、有效率的作業方式並推動執行。

當經營管理者投入大部分的精力到處滅火時，則疏於或不知如何從源頭解決問題。殊不知標準作業程序的訂定和修正，實為大部分問題發生的源頭，有謂擒賊得先擒王，解決問題若從根源杜絕，省事省時，絕對值得投入企業的資源戮力從事。為了計算處理一件事情的成本，建立標準作業程序是所有基礎準備之首，在建立制度的同時一併解決企業的沉痾，一舉數得。

‧得訂定標準作業程序的「循環」

企業內到底有哪些事情得訂定標準作業程序呢？各行業都有它獨特的屬性，關注的項目也各不相同。但無論如何，企業內絕大部分被處理的事情，都具備重覆發生的特性，處理起來也可區分段落；也就是說這些事情總是一而再、再而三的出現，當一件事情被處理完，另一件類似的事情又來了，它們循環不斷，在各個段落中依序被處理，全部結束後又開始。這些性質相近處理過程也類似的事情擺放在一起，成為一種「循環」。

如果企業的規模大到一定的程度，想從公開市場募集大眾的資金，企業的股票就得想法子公開上市。各國政府對股票公開上市的公司都訂有嚴格的監控制度，避免企業的不當行為損及投資大眾的權益。企業內可能有的作業循環類別，在政府制式的審查規範下，被界定的更加清晰一致。

這些被大部分企業沿用的循環類別分為下列十一種，依序如下：

1. 銷售與收款循環
2. 採購與付款循環
3. 生產循環
4. 薪工循環
5. 融資循環
6. 固定資產循環
7. 投資循環
8. 研發循環

9. 電腦化資訊循環
10. 關連交易循環
11. 貨幣資金管理循環

從這些循環名稱的字面來看，它們幾乎已經囊括了企業內所有的行為和事項。某些企業認為必要但可能不易歸屬於特定循環的標準作業程序，可以自訂「其他管理」類別，方便概括的歸屬和管理。

・著手訂標準

大部分的企業演變成目前的規模，或多或少都擁有一些已經書面化的作業程序，可能散置在ISO文件、管理辦法與規章或會議紀錄中。它們大部分是為了應付一時的需要而制定。時間緊迫之下難免思慮不夠周詳，忽略了檢視新規定、新做法，和既有作業程序、規範之間的關連符合性與上下程序間的邏輯性，因此重覆、相互矛盾或無法連貫的情形時而有之。文件所呈現的格式，在不同時期有不同的型式，也五花八門。

這樣的情形在政府機關尤其常見，長時間累積和各自為政所訂定的法條與行政措施，嚴重的遲滯政府的行政效能。然而重整工程浩大，似乎也看不到有任何機關的首長自願挺身而出著手解決。企業想要建立或重新整理標準作業程序的制度與內容，同樣得在繁雜中理出頭緒，也非易事，但相形簡單。**蒐集散置在各單位或各文件檔案中，現有的作業程序、辦法、規章制度等文件，是第一件要做的準備工作。**

這些文件稍事閱讀後，很快的就能將它們分別歸類到十一個作業循環之中，並整理出一份容易查詢的清單。不論多麼複雜的產業，單一企業擁有的作業程序、辦法、規章，總數約略介於一百到兩百項之間，針對這些文件適度的歸屬分類，好比一般家庭處理垃圾時，依環保規定分類擺放般簡單。

企業中行諸於文字的作業程序、規章，全是企業演進過程中諸多能人經驗與知識的記載，自當視為企業之瑰寶善加珍惜運用。通常欠缺的是未與時俱進，不怎麼符合現在的潮流趨勢，未建立上下程序間的關連或邏輯連續性不足，也可能少了一些自我控制的機制或影響處理事情的效率，這些正是企業重新檢視作業程序，建立標準作業程序要做的功課。

‧繪製作業循環

許多的作業程序或辦法、規章，建構成一個作業循環，表示這些看似獨立的作業程序彼此之間實質存在一定的關連，或許是上、下，也可能是平行的關係。如果只從文件列表清單中的作業名稱，實在不容易看出彼此間的關係。作業程序間的關係如未釐清，作業循環就可能有缺口或存在矛盾，這也是企業運作過程中，單位或執行者間產生爭執、抱怨的主要原因之一。

如果把每一個作業程序都當作是一個長方塊，彼此間用線條連接，並加上箭頭表示進行的方向和順序，當最後一個作業程序結束時，再以線條連接至開頭的作業程序，即形成一個封閉式的循環圖。藉此圖像可以清晰的顯示這個循環所有作業程序的組成和不同作業程序之間的先後或平行關係。這樣的循環圖像，對使用者瞭解作業的全貌和未來新增或調整作業程序時大有助益。

・訂定、維護、管理「標準」的人

對作業程序最熟悉的人，必然是現在正負責執行作業的執行者。他們可能得益於目前的作業規範而行事順暢，也可能深受其苦，飽受他人抱怨和質疑，卻無從辯解。如果要將這些作業程序標準化，執行者無疑是標準化過程中的要角，它們的親身體會和意見，遠勝於其他人的想當然爾，得受到最大的尊重和考量。標準化的過程中，執行效率的提升、要求和管控的標準、方式，自然落在這個作業程序主管者的身上。實務的考量加上管理者的理想，成為建構標準作業程序系統不可或缺的基礎。

每一個作業程序都由數量不等的作業步驟所組成，可能是一個人，也可能由許多人分別執行這些步驟；這些步驟在同一個作業程序中所占的份量和影響程度各不相同，占分量最大的通常就是影響這個作業程序結果的關鍵步驟，如果能有效的掌控這個關鍵步驟，整個作業程序的結果則能預期。

這個步驟的執行者自然就是這個作業程序的維護者。他負責維護整個作業程序的運作模式順暢和適時提出改善的建議，好讓這個作業程序始終與時俱進，所呈現的說明文件和實際的執行狀態相符。當每一個作業程序都有最了解實況，且處於關鍵步驟的執行人為維護者，他的直接主管為這個作業程序的管理者時，經營管理者就有理由相信，作業程序能達到標準化、連貫、效率和與時俱進的期望。

・標準作業程序應包含的訊息

標準作業程序應包含哪些訊息較為適宜？

作業程序由許多可以分成段落的步驟所組成，每一個段落的**步驟名稱**自然是構成作業程序的基本元素；這些自成段落的步驟都得指定專職人員來處理，**處理人員的職稱**成為必要的元素，這個**職稱所歸屬的單位**連帶的被標註在一起；處理事情得有一定的方式，執行者才有依循不會因人而異，結果就比較能被預期，那麼**步驟說明**也成為作業程序的基本元素。

雖然有了步驟說明，如果事情處理的結果沒有一定的標準可循，執行者可能不知道自己做對做錯或是否滿足經營管理者的期望，**可以量化**、**可客觀評價的標準**，是作業程序標準化相當重要的構成要素。

處理一件事情有好的結果，是處理過程中每一個步驟都做對、做得令人滿意的綜合結果，尤其在關鍵之處不能稍有閃失。為了不讓關鍵之處的閃失影響到事情處理的結果，除了處理步驟的執行者得特別注意外，主管也得適時投入管理的力量。這些在作業程序中得特別注意的步驟，應該被顯著的標示出來，提醒執行者和管理者留意，它又稱為**管制點**，成為構成標準作業程序的最後一個元素。

由此看來**標準作業程序應包含下列的元素：步驟名稱、所屬單位、步驟說明、處理事情的要求標準、關鍵步驟的管制點**。這麼多的資訊記載在書面資料中，如果沒有一定的規範和次序，閱讀者的困惑和遺漏可想而知，連帶影響到標準作業程序的實施結果，當非經營管理者所願。

作業程序的主體是許多有前後關連或平行關係的作業步驟所組成，為了清晰的顯示各項步驟的前後順序與平行關係，圖形化是最好的方式。以長方塊框住每一個作業步驟，用帶有箭頭的連接線表示各步驟間的前後或平行關係，由此所構成的圖稱為「**作業流程圖**」。

每一個步驟都應該有執行這個步驟特別指定的承辦人和他所隸屬的單位，將承辦人的職銜和隸屬單位標示在每個作業步驟的旁邊，再將執行這個作業步驟得特別注意的事項，以條列方式提示重點，放在這個作業步驟相對應資訊的欄位內，一幅「作業程序」的基本架構圖就完成了。

有些作業步驟其實不如作業流程圖所標示般的簡單，他可能得運用到許多的工具、設備、表格，或得符合為它而特別頒布的規定與辦法。這些資訊可以用工作、設備、表格的代號或規定、辦法的文號，標記在資訊欄內，那麼這個步驟的執行者，在需要時可因此隨時找到參考的資訊。現在的企業以大量的電子化取代老舊的紙本作業，電子化畫面的代號因而也成為資訊欄的主要資訊之一。

主管盡其本份投入管理能力時，最需要的是即時資訊的獲得。這些資訊最好在事情處理過程中即不斷的建立基礎數據，由電腦系統自動統計並整理完成。每個作業步驟應輸入的資料內容和產出管理報表的表號，一併放在資訊欄內，建構成充分的資訊內容。

・標準化應考慮的因素

作業程序標準化的過程中，應考慮哪些因素才算恰當呢？

相同的一件事，期望的角度不同，得到的結果則不一樣。企業中處理一件事情的方式和結果，如果能同時滿足：員工、主管、經營管理者、客戶、供應商、投資者、政府主管機構的期望，那麼這件事情的處理方式應該毫無爭議。這樣的結果雖然不容易，卻也非毫無方法可循。在各方期望中找到最大公約數，換句話說，在諸多選項中，找到大部分人都可接受的共識，或取利益最大損失最小者不失為方法。此抉擇需要相當的智慧，責任自然落在主管和經營管理者身上，在作業程序標準化的過程中，他們的參與因此舉足輕重。

以下是這些人的期望，也是作業程序標準化過程中可以用來考慮的因素：

員工的期望：

1. 工作處理順利
2. 工作負荷均衡
3. 工作時間正常
4. 工作維持穩定
5. 受到公平對待與尊重

主管的期望：

1. 工作推動順利
2. 降低紛爭與意外

3.工作人員情緒穩定

4.部門績效良好

企業經營管理者的期望：

1.作業有效率

2.人事成本降至最低水準

3.作業損失降至最低水準

4.營業額與獲利率持續增長

5.營運資金充裕

客戶的期望：

1.價格合理

2.準時交貨

3.品質穩定

供應商的期望：

1. 訂單穩定
2. 利潤合宜
3. 關係持久

投資者的期望：

1. 投資報酬率比同業高
2. 股價相對穩定，波動幅度合理
3. 謹慎、誠實、長時間穩健的營運與成長
4. 合法經營

政府主管機構的期望：

1. 大眾投資的資金和獲利，不應藉由不當的交易手段被企業經營者中飽私囊
2. 大眾投資的資金，未經一定審慎評估的程序，不應被恣意與不當的運用，進行風險過高的投資，造成事先可防止的巨額虧損，損及投資大

眾之權益

3. 運用不合常理非商業常規的交易條件或模式調整利潤，使政府得不到應有的稅收，損及全民的權益

4. 串改營運資料或誇張營運訊息，以獲取投資者的青睞取得資金

5. 執行法律所不容許傷風害俗的事項，獲取非法利益

這麼多可以考慮的因素，可能讓作業程序標準化的執行者因而卻步，事實上它們並不會同時出現在單一個作業程序中。某一個循環可能得特別考慮需符合政府主管機構的期望，例如關連交易循環、投資循環和貨幣資金管理循環；而採購循環則得慮及供應商的期望；員工、主管、企業經營管理者和客戶的期望，則顯然和生產循環脫不了關係。總括言之，作業程序標準化的時候，任何作業步驟的設計與確定，都得考慮到合法、有效率、低成本和低損失。

合法，有確實的法律條文可以檢測作業程序是否符合要求；有效率、低成本、低損失，如果沒有確切的數字做為行事正確與否和行事績效好壞評斷的標準，則必然淪為浮而不實的口號。我們常聽聞政論家批評國家領導人習於口號治國，謂之愚弄百姓誤國誤民。如果企業經營管理者也只是把有效率、低成本、低損失掛在嘴邊，卻沒有設定量化的標準，執行作業步驟的眾多員工，行事將無所依循，評斷積效但憑表面印象、個人好惡和自由心證，這樣的經營管理者同樣會將企業帶往衰頹之境。

量化的標準可能是處理事情的速度、數量、精準度、達成率等。它們大部分都可轉化為工作時間再變身為等值之金錢，或者本身即可直接以金錢來衡量，換言之已知處理這件事情所耗用的成本，那麼這個作業步驟或作業程序，是否值得以這種方式來處理，憑經驗與常識就很容易做出正確的定奪。

這些對作業步驟處理事情要求標準的數據，同樣得登錄在作業步驟對應的資訊欄內，成為執行員工行事的標準和主管考核的客觀依據。

・主管的關注：管制點

如果每一個作業步驟，因此都受到直接主管鉅細靡遺的關注，必然耗掉太多的管理資源與成本。ABC重點式的挑選關鍵步驟是比較務實的做法。主管得在各作業程序的諸多步驟中挑選影響層面多、程度大的，指定為關鍵步驟，確保關鍵步驟的工作品質和控制工作成本，是管理這個作業程序的主管份內工作中最主要的職責。很像一列疾駛的火車，路途中除了仰賴駕駛員仔細的駕控外，每到一個停靠站，都得接受站長的指揮、調度和檢視，以確保乘客安全上下和車輛進出站的順暢。這個類似於轉運站被事先指定的關鍵步驟，在作業程序中也稱為「管制點」。其他步驟所設定的標準，則視為受命擔任這個工作的執行者必須盡到的基本責任，由執行者自己控制執行的水準和結果，我們稱這個項目為「自我控制」項目。把「自我控制」和關鍵項目「管制點」的需求，同步記錄在作業程序的資訊欄內，標準作業程序方臻完整。

標準作業程序中加入量化的標準數值後，做一件事情所耗用的金錢，不論是單件、每日或每月所耗用的成本，透過單位時間所支付的薪水費用和各項費用的分攤基準，很容易就算得出來。金錢好像是一具量秤，一件模稜兩可看似抽象的事情，經由時間轉化為金錢，加計其他的花費後完全的具象化，有助於管理者迴避非必要的行為，知道問題出在何處，損失是怎麼發生的，並做出正確的決策。

・標準作業程序用在生產工廠

標準作業程序的概念可以運用在企業營運的各個領域。前述十一個作業循環所囊括的標準作業程序，絕大部分屬於事物處理的範疇；如果用在生產工廠，將生產過程的每一個步驟和細節，都給予詳細規範的作業程序，也經常被稱為「標準製造作業程序」；詳細敘述組裝的作業程序稱為「標準組裝作業程序」；規範品質管制的作業程序則稱為「標準品管作業程序」。這三者構成生產單位標準作業程序的主要內容。它們同樣得包括標準作業程序應包含的六大元素，只是把其中對處理事情步驟的描述改為製造行為，輔助用品換成機械、工具和物料，每一個步驟所耗用的時間得更為精確和細緻，管制標準是產品的規格和容許公差，機械群或生產站則是單位。

工作所耗用的時間是企業在統計成本時最重要的基本元素。生產工廠每一個生產步驟使用的時間，可以透過生產機械精確的計數、物品流入流出的時間差或專人量測，經合理的寬放比例調整後而得。處理事情的某一個作業步驟所耗用的時間，不像生產計數般那麼容易獲得，通常得運用資料解析和訪談的技巧，藉由訪談多位執行者所蒐集到的資訊，經交叉比對篩選而定。

‧修正機制

標準應隨環境而變與時俱進，人盡皆知。同樣的道理，當作業條件改變伴隨的作業程序也得適時的調整來應對，調整的頻率自然和這個作業程序的屬性有關。許多的企業在外力要求下，譬如：申請某種國際認證、爭取國際大廠的訂單、申請某項政府補助或遭受某些重大損失的情況下，花一番功夫建立標準作業程序，並且依規定實施。

發生問題是調整標準作業程序的觸媒，通常在發生問題後，某場討論會議或某位主管的口頭指令，執行者或執行單位即快速的修正。這樣的修正不論是永久性的改變或臨時起意，如果沒有經過一定的修正程序，同步標準作業程序的文件與正式佈達，原本的標準作業程序文件所描述的規定和實際作法之間必然產生落差。時間一久，標準作業程序不再標準，它應具備的公信力和強制性不復存在，原先期望標準作業程序能為企業營運管理帶來制度化效益的初衷，大幅度的落空，企業管理重回人治的舊胡同，企業營運起伏的風險未減；想藉由精確計算各種作業的真實成本提升決策品質的想法，也變得毫無意義。

一個好的、有意義的標準作業程序修正機制，它得具備下述的條件：

1. 由經營管理主管和各功能部門主管及相關執行人員，共同籌組一個常設的「作業程序標準化委員會」，以收集思廣益縝密思慮之效。
2. 定期的檢討作業的步驟、做事的方法、設定的標準和效率的提升，使標準作業程序能與時俱進，不至於淪為應景式的文書檔案。

3. 對那些已經證實可行，新的作業程序，即時修正文件並確實的佈達至所有應知道的人。

4. 監督標準作業程序確實實施，適時並公平的獎懲執行者和主管。

5. 對新進、調任員工和作業執行者，針對作業步驟、方法和修正的內容，定期的提供強制性教育訓練課程。

工作分類並建立合於邏輯的層次關係

在企業內談成本，不論是經營管理者或一般員工，首先想知道的必然是產品的成本。如果產品是從外面購入，企業不需要再做任何的處理，那麼這個產品的成本不用多費唇舌，購買的價錢就是它的成本，簡單至極。

但是大部分企業營業的模式不僅是轉手買賣而已。它們自外頭購入的，可能是外型極為簡單的原始材料，需要經過繁複的製造程序，和別的東西組合在一起，再經過一番性能測試後，才成為一件最終的產品。統計這件最終產品的成本因此變得極為複雜，不僅一般人卻步，就連專業財會人員也聞之面露難色，避之唯恐不及。

處理一件複雜的事，適度切分後再分段處理，則能化繁為簡。分類就是切分的一種技術，將作業模式適度的分類後，每個類別所包含的內容因受到限縮，相較於全部就變得簡單多了，比較容易算出它所耗用的成本。在這些經過分類和已知耗費成本的諸多元件中，挑選你要的一些元件組成最終產品，很像小孩玩的樂高積木，選擇的元件不同，或放在不同的位置，結果就千變萬化。其中任何一種組合成品的成本，只需運用簡單的加法，即能快速得到它的成本數據。

在一個完全競爭和多元化蓬勃發展的市場，很少有企業只生產或銷售一樣產品而能存活。客戶的需求隨時在變，百變不離其宗，無論如何變化，變的只是組合，基本元素依舊如常。

變化源於組合元素的調整，或多或少，或A或B。當客戶提出變化的需求時，提供產品的企業最重要的是，搶在競爭者之前算出這種組合下的產品成本和供應的可能性。這個時後產品還沒有開發、也尚未製造，統計成本全憑之前類似產品的記錄和經驗來推估，如果有精準的分類和完整的構成元素，預估成本和調整幅度可以在最短時間內獲知。除卻品質保證以外，速度和預估的精準度，向來都是企業獲取訂單的法寶。

‧各種分類模式

產品分類不是一件困難的事。

業務單位為了讓客戶清楚的分辨產品間的差異，會以客戶容易理解和他們認為容易爭取到訂單的方式，替產品分類；各分類中總會加入可選擇替換的配件清單，方便客戶依個人喜好與需要，選擇搭配出各種產品組合，這種分類模式常見在印刷精美的產品宣傳資料中。

庫存管理單位為了庫存品管理的便利，會依據物品的來源和特性分類。可能會加入外購、進口、自製、外包等類別；或加入客戶類別，以達到分別管理的便利；也可能以材料、零件、半成品、成品、報廢品來區分庫房中的物品。

研發單位則必然從研發的角度來區分產品，以他們最熟知的產品特性來區分。

這些單位在分類產品時，都以滿足自身的需求為最優先考量。所以雖然是相同的產品，在不同單位卻可能出現在不同類別中，產品的類別因此變得有些複雜，缺乏一致性。產品的成本是從接單開始，經研發、採購、生產、交貨的過程，統計各種支付費用所得到的結果。如果同一件產品每一個單位各有不同的解讀，產品處理過程中的各種資訊，將因為歸屬在各式各樣的類別中，使事後的區分成為一件極麻煩的事，這正是統計成本所以讓財會人員心生畏懼的主因之一。

如果要計算各種產品在各種狀態和各種組合下的成本，產品的分類得更合乎邏輯和細緻。產品的成本由三個元素構成：材料成本、人工成本和製造費用分攤成本。它不是一件難以理解的事，因為任何人都知道，製造產品得先購買材料，經機械設備的加工和作業人員的處理才能完成。把這個過程中所花掉的錢都加起來就是它的成本了。

選用的材料如果不同，加工的機械不一樣，運用的人工有差異，產品的成本就有變化。

前面曾提及許多單位因為自身的需求，對產品做了些分類，其中沒有一個是從這個角度來考量的，也就是說那些分類的模式，並非著眼於成本的統計，所以當產品的條件稍有變化，很難從這些分類模式中，快速精準地估算出投入費用的差異。

・從統計成本角度區分產品類別

如果從統計成本的角度區分產品的類別，應該怎麼著手呢？

因為產品的人工成本，和人工作業時間的長短及不同作業人員的薪資水準有直接的關係；製造費用分攤成本的計算也以人工作業時間的長短為分攤的基準，同時和使用的機械設備與場地有關；由此看來，只要生產的時間有差別，運用人員的工種有差別，使用的機械設備和場地有差別，就可以區分出類別。顯然製造單位慣常的分類模式，是成本統計最適切的基礎。換句話說，以統計成本為目的產品分類，必須以標準製造和組裝程序中，各種生產的模式做為細分類的基礎，當這些生產模式細分類的成本都確定，由許多細分類元素所組成的中分類和大分類的產品成本，自然唾手可得。

若欲以標準製造和組裝程序為基礎進行產品分類，著手分類的人勢必得非常熟悉工廠的細部運作情形，並知曉產品成本組成要素的內涵和計算的竅門。二者得兼的財會人員並不多見，因此負責統計成本的財會人員，尋求外力的支援變得相形重要。他得尋覓非常資深的工廠主管的協助，從工廠運作的特質和成本變化的因素中，理出適當的類別，這些都和工廠的標準作業程序有關係。由此我們可深刻的體會到，建立企業內部運作標準作業程序機制的重要，它幾乎就是企業營運是否順暢的基礎，也是管理者採行適當管理措施的依據。

‧以作業差別為區分之基礎

大部分生產工廠在製造一樣產品時，通常會將類似且有連續性質的工作，擺放在同一個區塊內，並分別給予一個簡單而響亮的名稱，便於區別和快速的記憶。每一個區塊都有自己專屬的機械設備和工具、標準作業程序、使用的場地、員工和得執行的工作，它具備管理便利之優點而廣為企業界採用。

不同的區塊間總是存在上、下游的關係，也就是說上一個區塊做出來的東西，會交給下一個區塊的機械和人員繼續處理，一直到產品完成。區塊之間藉由這種前後關係連結在一起，建構成這種產品的生產架構。

這樣的區分方式，非常適合於產品成本統計。在單一區塊中所花費的材料、人工和製造費用分攤等成本，因為集中和雷同，很容易被算出來。這些有前後關係各有特質的區塊所構成的生產程序，其中的單一區塊也常被稱為「途程」，它通常被視為成本統計的中分類。前面所述的細分類則歸屬其下，由此建立起層級式的連結關係。

大分類是最容易被清楚分類的類別。它有時是以某些特殊的材質來區分，或依據產品用途、功能的差異來標示，這些可能都是同業或客戶習慣而熟悉的分類模式。但是無論如何，大分類必須和中分類建立起固定、合於邏輯、而且沒有重覆混淆和缺漏的連結關係。執行分類的人，必須將它繪製成類似樹狀有層次逐漸展開的結構圖形，完整顯示彼此之間的關聯順序。就好像某姓氏宗族的族譜，代代緊扣，任何人一眼即能清晰分辨各大、中、小細項分類之間的從屬關係，財會人員可輕易的由細、小項的成本，藉關聯線逐步加總，計算出各中、大類各式產品的成本。

▪以製造特色差異為產品分類

採用這種產品分類方式的主要目的，既是為了快速而精準的統計真實和預測的成本，那麼各細、小分類所包含諸多工作步驟的標準作業時間，除了得合理而精確的界定，把這些步驟的工時加總，還可製作成各細小分類項目的工時表。資訊使用者從時間的多寡，馬上可分辨出哪一種類別的工作較為費事，費事程度的高低為何。換句話說，因此可以快速的預估出人工成本的增減。這些經過整理分類、時間加總並按大小排列的工時表，對業務人員和客戶洽談生意、折衝價格時有很大的幫助，因為從工時的變化狀態所反映的成本差異，少了臆測卻增多談判的自信。

同樣的分類方法，也可運用在以服務或銷售為主要營運項目的領域。從服務或銷售在工作內容和工時的些微差異中，可分離歸納出細小類別，倒溯歸納至中、大分類，建構出各種服務或銷售模式的層次結構圖。以工時度量的作業步驟確定後，看似極有彈性、不容易計算成本的服務與銷售行為模式，經量化而易於管理，降低管理的困難度。

影響產品成本的主要元素除材料外，以人工處理的時間最受管理者關注。以人工處理時間的差異做為產品分類的基礎，除了相當程度的減低成本計算的困擾外，同時也可滿足產品、服務、銷售的分類需求，因細緻好用，足以做為企業產品的標準分類一體適用。定義清晰，溝通順暢，效率隨之而至。這正是標準化迷人之處。

具備明確且即時更新的職位、薪資、異動機制

企業應因事而設人，還是因人而設事？道理淺顯答案明確，可是許多的企業在安排事與人的時候，卻常倒果為因以人為優先考量。因此經常扭曲做事的方式，來配合人的特質與能力缺陷，使事情處理程序偏離正常的邏輯，變得複雜，間接增加了處理事情的成本。

．組織的形式

製造工廠非常在意生產東西的順序，因為順序如果不恰當，效率、成本

甚至於結果都可能走樣，所以生產工廠內的製造、組裝程序，通常最受到主管關注，也是最早標準化的項目。製造或組裝程序中的每一個步驟，除了用到機械設備和工具外，生產過程中機械設備的操作、物品搬運、各項事務的監督無不需人工。這些人工的工作內容非常明確，很容易被恰當地歸屬至製造和組裝過程中的各個步驟中。如果某個步驟需要許多人共同做事，為便於管理，這些工作性質和背景都類似的人，就形成一個小的團體，我們也常稱這個小團體為「小單位」。許多的小步驟結合成一個途程，此途程所對應的團體是由許多的小單位所組成，規模也比較大；處理數個途程的團體，再組成一個更大的團體，它可能成為企業中的一個重要的功能單位；企業就以這種模式建構成緜密的組織。

·組織變動，成本隨之變動

顯然企業組織的構成形態，和設定的作業程序之間關係密切。當作業程序改變的幅度大到某個程度時，組織也得跟隨異動，否則新的作業順序和舊的管理模式相互扞格，將大幅降低企業的營運效率，不僅帶來紛擾並徒增開支。組織只要變動，製造產品或處理事情的人工成本隨之連動，因為同一件事，如處理的人不同，薪資的差異將直接影響處理事情的花費；縱使處理事情的人不變，或接替者的薪資和前者相當，但是處理這件事情另外得分攤的管理成本，也會因新組織管理階層的薪資總合的變化而異。

完全自由化的商業環境，員工有權利擇良木而棲，來來去去司空見慣；員工的薪資水準隨著企業所在地區的經濟成長狀態年年調整；員工的年度總所得和企業的獲利狀態密切的連動；為了留住人才，企業經常拔擢優秀員工或異動職務；這些作為都牽動個人的薪資所得，進而影響到人工與分攤成本費用的高低。如果薪資體系不能隨著情況的變動即時的更新資訊，所得到的成本數據，將某種程度的背離真實狀態。

・建立職等、職級制度

這些瑣碎、經常變動的個人訊息，增加了成本計算的困難度。還好生產部門執行作業程序的某個小單位，員工的屬性大致相同，他們的薪資所得也都在類似的區間內，以薪資為區分標準所設計的職等職級制度，一定程度的解決了統計人工成本得和個人薪資連動的麻煩。因此在標準作業程序的各個步驟中，除了得指定工作人員的職位名稱，同時也宜限定處理這個步驟最適當的職等職級，以符合企業用人的基本原則：適才、適所，及最適切的成本的需求。因此以平均所得作為該步驟直接人工成本計算的標準，足稱允當。

・薪資變化影響成本

個人薪資所得稅通常是政府稅收的主要來源，在政府法規的強力要求下，個人薪資所得金額可能是企業內紀錄最完整而真實的資訊。它包括了：

本薪、加給、津貼、加班費、各種獎金、保險支出和福利費用等。因為加班費、津貼和獎金隨月變動，連帶影響到各月份人工小時的費用。當加班時數增加，比正常工時薪資高數十個百分點的加班費用，將稍微的墊高正常工時所支付的人工小時薪資。如果員工的薪資是以月薪為支付的基準，每個月工作時數的變化也影響單位工時費用的高低。

因此企業必須將企業的組織狀態，繪製成一份有層次關係、清晰明確的組織結構圖公佈週知。組織的建構如完全根基於標準作業程序，人員隸屬、組織形成和部門的切割各有所本，不僅合乎邏輯，並完全吻合成本統計的需求；某些非必要的職務因此而突顯，定奪其存廢易如反掌。組織表中各類的職務，如預先設定最適宜的職等職級範圍，除便於直接與間接人工成本的統計，當考慮員工調動職務時，可藉此檢視其適當性，以免形成高薪低用或低階高用等不適任的情形。以上這些作為，搭配明確的薪資給付體系、隨時更新的人力資訊機制、彙整各單位的用人支出，這些都是計算成本事先得做好的基礎準備工作。

直接、間接人員與直接、間接單位的詳細定義與分野

當景氣轉好訂單急遽增加時，報章雜誌不時充斥著知名企業大舉徵才、擴廠增加產能和廣設據點的報導。一般民眾從這些訊息中，多多少少也知道人力、生產設備和銷售據點，似乎和企業的成長有密切的關連。當景氣轉趨衰退，最常見的也是令大多數人驚悚的企業裁員、停、關或賣廠和裁減據點的負面報導，並謂因此可大幅度的減少開支，有助於企業度過大環境變動的難關。

由這兩種極度反差、近乎制式的反應，我們很容易體會到，人員薪水支出及設備費用的投資，和企業營運與獲利有相當重要的關係。如果企業能精確的控制這兩項元素，讓它們和企業的營收建立起緊密連動的關係，那麼企業就越能獲利，或者安度景氣低迷的衝擊。這兩個元素中，設廠、增加據點、購買設備，至完全展現產能，需要一些時間才看得到成效；同樣的關廠或移轉也非一蹴可及，它們對企業成本的影響雖然有一定的效果，但都不夠即時。反之，人員的減少殘酷但成效立現，它可以在一夕間被完全的執行，立即達到成本下降的效果。二〇〇八年突如其來的金融海嘯，各行業均以大舉裁員因應，一年後統計企業的平均獲利率，反而創歷史新高。可見人工費用對企業獲利影響的深遠程度。

．直接人員

當企業準備增加人力時，第一個被想到的一定是生產線或直接服務客戶的員工，因為他們投入時間的多寡和生產量增減有直接的關係，換句話說，和營業收入有直接的相關。這群人的工作時間與工作量，可輕易的藉由標準工時來衡量，當投入的人數愈多，表示投入的時間也愈多，生產量一定愈多。反之當客戶的訂單下降得減少人力時，他們也首當其衝。

‧間接人員

要讓生產線上的人員，或者被稱為直接人員的他們，依照企業經營者的期望維持固定水準的產出，需要很多的配套措施和協助。譬如得有人先從外頭買入原材料、零件和繁多的生產用耗材，並供應無虞；每天把需要的用品準備好送到生產者身邊；安排每日適當的工作；把設備始終維護至正常狀態不出紕漏；當問題發生時有人立即排解恢復正常；教導生產者正確的生產知識和技能，確保一定的生產水準；為做好的東西找到買主，並安全順利的送到客戶手中，還得記帳、收款等等。

這些工作樣樣需要人力。他們的工作內容比生產線的作業還要繁雜，也不是每一件工作都可以用精確的時間來衡量績效，同時不容易將某項工作所花費的金錢完全的歸屬到某一項產品上。因為這些人員的工作效能，不像直接人員可精準的衡量並明確的歸屬至某項產品上，人數需求彈性就很大，這些人員被稱為間接人員。執行相似的工作可以是一小群人，也可以是一大群人；人員的多與少或增與減，並沒有充分而令人信服的規則可循，主管的直覺和認知於是成為最主要的憑藉。如果處理事情的作業程序設計失當，人員工作效率不彰和主管掌控能力不足，以致間接人員數攀升所付出的龐大費用，常是企業競爭力大幅下降和獲利衰退的主因。他們經常是企業在裁減人員時的首要考量。

‧直接人員與間接人員的定義

當這位員工大部分的工作，可輕易的藉由標準工時衡量做事效率，產出能量化統計，並可直接歸屬至某一項產品或某一樣服務時，我們稱他為直接人員。

反之，如果他大部分的工作，不易以工時來衡量，產出也難量化且無法直接歸屬至某一項產品或某一樣服務時，我們稱他為間接人員。

當一個單位主要的構成份子大部分是直接人員時，我們稱此單位為直接單位，否則稱為間接單位。

・區分的目的

為什麼在計算產品成本的時候，把人員分為直接和間接，單位也分為直接和間接。因為企業支付給直接人員的薪資費用，可藉由這位員工單位小時的薪資費用和處理某項產品、某個步驟所耗用的時間，輕易的以乘法即可快速算出企業花在這個產品那個步驟的金錢；把各個步驟所花費的錢加總，處理某項產品的直接人工成本則呈現在眼前。那些處理的工作複雜且不易歸屬至特定產品的工作人員，企業支付給這些人的薪水該如何分配至各項產品和各生產步驟中呢？分攤可能是一個好方法。

‧分攤費用的計算基礎

要分攤的合理，不讓成本失真，就得講究分攤的計算基礎。

現實生活中有許多分攤的例子可以參考。

現代社會私家汽車已成為最普遍的代步工具，雖然便捷但也帶來空氣汙染的副作用，各國政府無不傾力防治，鼓勵民眾盡量使用大眾交通工具、提高油品品質，提升燃燒效率來降低排放廢氣之總量，以維護國民的健康。這些作為都需要耗費大量的金錢，如果不分彼此由全民共同承擔，對不開車的民眾而言，顯然不公平。因此大部分的國家隨油開徵燃料稅，作為防制空汙的費用。油加得愈多，支付的燃料費則愈多，這種徵收分攤的方式，隱含著使用者付費的概念，也符合公平的原則。如果你不開車，則不需支付分文。

單位內的間接人員可以看作是提供服務的一群人，被服務的對象則是在生產線上生產產品或直接提供客戶服務的直接人員。如果直接人員投入生產產品的時間愈多，需要間接人員提供的各項服務量顯然愈多，那麼多負擔一些間接人員的薪資費用也說得過去。因此所有直接人員每個月的總工作時間，成為這些間接人員每月薪資分攤到各產品和各步驟的計算基礎。

採用直接人員每月總工時所計算出來的間接人員單位小時薪資分攤費用，乘上製造產品某一個步驟所耗費的時間所得到的金額，就是接受間接人員服務應分攤的費用。以直接人員的工時做為計算基礎的間接人員薪資分攤模式，亦可沿用為其他費用分攤的計算基礎。

・間接人員的類別

間接人員的分布有許多種模式。有些間接人員隸屬在某個小的直接單位，其服務的對象僅限該單位內的直接人員，小單位內直接人員的總工時，可將該單位所屬間接人員的薪資完全分攤。有些間接人員所隸屬的單位完全沒有直接人員，這個單位是一個純粹的間接單位，它們的工作內容和服務的對象，和某幾個小的直接單位相關，那麼他們的薪資費用只限於由被他服務的許多的小直接單位來分攤。分攤的基礎則是各個被服務的小單位直接人工時數的總合。

還有一些純粹的間接單位，它們的工作內容和服務的對象涵蓋整個企業，其薪資費用的分攤基礎，則是該企業內全部直接人工時數的總和。

總括言之，從成本統計的角度區分間接人員的類別有三種：

第一種是一個小的直接單位所隸屬的間接人員。

第二種是幾個小的直接單位共同被某個間接單位服務的間接人員。

第三種是全部的直接單位都得接受某個間接單位服務的間接人員。

參考直接、間接人員的定義和區分的類別，企業組織內的所有人員和單位，根據其工作特性，都可恰如其分的被區分為直接、間接人員和直接、間接單位。將明確區分的結果附註在企業的組織結構表內，除了便於統計直接人工成本和間接人工成本外，同時隱含一些重要的管理概念。

・管理意含

在一個完全自由競爭的市場，歸類為成熟產業的企業，在產品、生產效率方面彼此間都極為類似。假設某一個企業所投入的人力資源，全部轉換為最終產品的產出，完全不需支付間接人員的費用，那麼它的競爭力必然大於需要支付間接人員費用的企業。若間接人員的陣容愈龐大，支付的費用愈多，產品的成本也就愈高，競爭力則愈弱。其實大部分的企業，都處在以產品成本的高低為利器相互廝殺的場域中，誰的成本控制得宜，誰就是該戰役的勝出者。間接人員數目和薪資總費用支出的控制，儼然成為經營管理者管理能力良窳之判定標準和主要的職責。

間接人員薪資費用的高低是一個相對的概念，它得和直接人員的總薪資費用比較，由百分比的高低而知其恰當與否。如果高於同業的比例自然知其不當；如果和自己比較，當生產總金額增加，此比例反向降低，顯然較為允當。它可以透過作業程序的調整，省掉非必要的步驟或改變作業模式，強化員工培訓增強他們做事的能力，運用資訊工具增快處理速度和提高準確性，或者調整組織使權責分明，來減少間接人員的人數和薪資費用比例。從成本構成項目的統計數據，經營管理者可明確的看到管理問題，無疑是成本統計所期望的重大效益之一。

建立一個能完整紀錄每一件事情各個處理程序所耗費時間的機制

一寸光陰一寸金，古時代的人，對時間的認知不像現代那麼敏感，這句成語只不過用來鼓勵莘莘學子努力向學的誘因，但是祖先們在千年前，已經體認到時間和財富、權勢之間的關係密切。現代人對財富的追求為烈，各行各業百花齊放，在激烈競爭中想要獲得市場的青睞，腳步得比別人快一點，想要獲利，成本得低一點，於是效率成為所有人的口頭禪，不需多費口舌即能心領神會。白話一點，它就是「快一點」，用的時間比別人少一些，時間提早一點，你就勝人一籌。時間和效率劃上等號，時間和成本也劃上等號，時間甚至和成就劃上等號。

企業聘僱員工，換個角度來看，好比企業花錢買別人的時間。如果在這段付錢購買的時間內，員工的付出可為企業帶來超過薪水和其它附帶開支的收入，企業則可獲利。要知道員工在工作時間內做的事情是否值得，企業當然得先知道員工做一件事情花了多少時間，時間轉化為金錢後，可讓企業的經營管理者，更容易知道他所花的錢是否值得。換句話說，可用來判斷這樣子做事情是否恰當。

以生產產品為主要營業項目的企業，如果某項產品的生產數量多而持續，製造單位通常會被要求制定標準製造程序，其中就包括了各製造步驟的標準時間，由此可估算一天內可生產的數量。它可用做計件付費的標準，該僱用多少人的依據，也可做為作業改善的參考和依據。

標準成本的盲點

標準工時幫了財會單位很大的忙，因此可以很快的計算出製造產品的人工成本和以時間為計算基礎的其他分攤的費用，如：間接人工成本和製造費用分攤等。表面上看來，運用標準工時統計而得的成本，似乎有相當的參考價值，財會人員也盡了身為專業人士的責任。但是大部分的經營管理者並不因此滿意，因為生產過程中有許多的變數會影響標準時間。例如：人員熟練度的差異、物料供應的順暢與否、機械的正常運轉、品質的穩定度、耗損的控制、工廠的突發事件及客戶的特殊需求等。所以真實發生的成本和以標準工時算出來的成本間，有極大的差異。如果不知其真實成本，則不知道賣給某個客戶的價錢是賺或賠，也不知企業的獲益真正來自於何方？比重多少？更不知道問題到底在哪裡？何者為重？原因為何？對經營管理者而言，此無異於摸石過河，運氣成分偏高，風險極大。

由標準工時統計所得的成本，有概約參考的價值，但顯然無法充分的滿足經營管理層面的真正需求。

建立紀錄生產數據的機制

一間像樣的工廠，如果只有滿足生產排程、估算作業人力和財稅申報等需求的製造標準時間，是不夠的。它必須建立一個能忠實記錄各種生產模式、各生產步驟所耗用時間的機制，才能藉此講求和建立全方位的管理功能。這樣的記錄機制通常都是以現有的標準作業程序為基礎，每一次生產管制單位在發出單一小批量的工作命令，當物品隨著工作命令在工作步驟間連續移動時，作業者忠實記錄進入和移出各工作站的時間，同時記錄：使用的材料、零件、可計數耗材的數量、運用的器械設備、執行作業的工作人員和產品的品質水準與損耗。

電子化科技的進步，使這些看來有點繁複的記錄變得輕而易舉。可能只是掃描條碼和簡單的按一下確認鍵就完成記錄，也可能完全由自動機械代勞。當這些紀錄資料和作業人員的單位工時費用、間接人員費用分攤基準、機械設備折舊與其它製造費用分攤基準、單位材料、零件與耗材費用等資訊一一配對，立即可以算出單一小批次單一件產品在各作業步驟所耗用的成本。此即為真實狀態的成本。

在小批次工令結束的當時，拿它和標準成本或預期成本的數據比較，從差異的大小，立即知道成本偏差的問題所在。

如果工廠的規模較小，電子化的程度也不高，設計一張隨物品移轉方便記錄生產訊息的成本統計表或物品移轉單，附在單獨的工作命令之後，是另一種變通做法。並可將一些基本資訊選項事先放在表格內，方便填表者快速的勾選。當作業程序結束時，助理人員逐一鍵入個人電腦，和預先設定好的成本計算公式連結，一樣可以快速的統計出該批次產品的真實成本並立即應變，不需再殷盼財會單位隔月提出卻失去管理時效的平均成本數據。

記錄機制的延伸運用

生產工廠記錄生產過程的時間與相關資訊的概念和作法，可延伸運用到企業內其他的作業領域。對時程總是延宕的研發作業程序尤有助益。

參考生產作業程序的作法，研發作業程序同樣可依其作業程序的差異特性分類。從以往的經驗數據中，可以統計分析出各種研發作業模式下，每一個小步驟合理的人工小時或天數，就像製造步驟訂定標準工時一樣。

當某個研發專案開始運作時，其對應的研發作業模式，應有的作業程序和預定時程事先完成設定。研發人員在每一個研發步驟，記錄他所花費的時間、工作內容、耗用的材料、零件和耗財、使用的研發設備。當專案結束，依據研發人工小時薪資、材料、零件、耗材等費用和其他各種費用的分攤基準，即可統計出某個研發專案所耗用的真實成本。拿來和原先設定的研發標準成本或預期成本比較，事後檢討研發專案績效時，在各成本項目呈現花費金額的輔助下，能更清楚的找到時程所以延宕和費用失控的癥結點。

真實的成本可以即時呈現並對應至某個作業程序的某些作業步驟所花費的金額，在和設定值比較顯示出差異時，此時的成本才發揮實質提升管理效能的意義。在月底結算而得的平均成本，主要用途為：稅務申報、輔助記憶和趨勢分析，欠缺振聾止聵的即時效果。

建立製造產品所使用的材料、耗料和零件清單，並具備即時更新維護的功能

・材料

我們到商店買一樣尋常的東西，如果付出一百元，在扣除商家的獲利十～二十元後，剩餘的八十～九十元中，有六十～七十元是花在製做這樣東西的材料上，支付人工和生產相關的錢相較而言並不多，可見材料費用在產品成本中的重要性。如果生產工廠比競爭者更能精確的掌控材料的使用量和供應價格，並確保供應無虞，那麼在成本控制上就站在比較有力的位置，有

時候企業的獲利主要還源自這項能力呢！對那些競爭特別激烈的一般商品而言，尤其如此。

那些售價非比尋常的精品，廠商把客戶對品牌的信賴、商譽或獨特的創新等特性，及購買者的虛榮與滿足感也考慮在內，商品的價格因此超級昂貴，材料成本相對不是那麼的重要。這些精品為了凸顯其高貴，通常會選用高價、稀有的材料來製造產品，生產者對這些高價材料運用的控制強度，更甚於一般的生產工廠，並未因商品利潤大而疏忽。

不論材料成本佔總成本比重的高低或材料價值的高低，材料都是生產工廠得控制的重要項目，管理者總是斤斤計較。

・耗料

有些產品在生產時，不只需要用到材料還得其它東西的幫助，這些幫助的東西在生產完成後，不會附著在完成品上成為其中的一部分，必須棄置不能再度使用，我們稱這些幫助的東西為耗料。譬如脫蠟鑄造時輔助液態金屬材料轉變為固態形狀的定型外殼，當物件成形後，外殼必須被敲毀後才能取出成型的成品，它們不能再使用只能丟棄。這些耗料的使用量很大，其費用在成本組成元素中占有相當的比重，受到同等於材料的關注。

・零件

將構思轉化為實體商品的過程，企業界稱之為研究發展。它可能是一項全新商品的研究開發，也可能是現有商品的延展運用。除了資訊軟體的研發鮮少用到實體材料的元素外，絕大部分產品的研發，都得運用到素材，經過一些加工程序後，轉化為另一種截然不同風貌的東西，可能是外型改變，或原有素材的特性起了很大的變化，或加入了其它的元素。這些經過自己的手改變的東西，在最終產品組成的諸多元素中，通常僅占其中的一小部分。

社會分工愈趨細緻，各類別的產業自動的依最終產品的構成元素分別羣聚成許多獨立的企業，他們各有專精，製作的產品既好價格也公道。企業內的研發人員只須懂得選取的竅門，幾乎不需要額外的處理程序，就可將購自於外部的元件和自製的部分結合，組成為最終產品。這些在市面上買得到、現成可用的東西，被稱為是最終產品的零件。它和工廠內自行生產物品的差異，取決於設計知識和製造技術的重要性與掌控度。關鍵技術的自我研發和製造，可免於競爭者的抄襲和受制於他人，對企業而言，仿如攸關存亡般的重要。

這些易於自外部取得的零件占產品組成元素的大部分，對產品成本的影響並不亞於廠內生產的物件。只要選取的零件改變，供應的價格波動，都會影響到成本的高低。因此企業對產品應該使用何種零件、零件的數量，和自製品對材料與耗料的管控一般，都極為在意。

・材料清單

列出一樣產品使用零件的清單，對研發單位而言是輕而易舉的事。他們在著手研發的時候，當然非常清楚自己所選用的零件是哪些、規格為何、彼此之間存在什麼連結的關係。為了清晰的顯示這些訊息，研發人員會將它們繪製成一幅有層級關係的產品零件結構圖或零件清單，成為該項產品最原始的資訊之一。其中有些是自己生產製造的零件，研發人員在設計它的時候，就得指定生產時使用材料的規格和尺寸，這些訊息和產品結構圖或零件清單結合在一起，統稱為該項產品的「材料清單」。

不確定是研究發展的特質之一，隨著研發時程的推進，零件和材料在產品試誤過程中不斷的更迭，材料清單也隨之變動，一直到研發階段結束。這段期間，這項新產品的相關資訊只在研發單位內打轉、運用和變動，因此這些使用頻率和採買數量均有限的材料清單，常被冠以工程之名，稱為「工程材料清單」，用以和後續製造單位大量製造時使用的「製造材料清單」區分。

如果這項產品在自行生產時得用到大量的耗料，那麼材料清單中不僅包括零件和材料，也包括耗料的規格和指定的用量與尺寸，並建立起關聯結構。

買一件東西得花十元，一次買一百件可能單件只需花六或七元，這就是工程材料清單和製造材料清單最大的差別所在。

材料清單是統計產品成本時計算材料費用最重要的依據。採購人員得把採買物品的單位價格，填在材料清單所列物品對應的資訊欄內，拿這些單價乘上單一個產品所需的零件、材料、耗料的使用數量，全部加總後就成為這項產品的材料費用。我們都清楚當材料的單價改變或使用數量調整，材料費用即隨之變更。所以採購人員得隨時更新採購的真實購價，而製造單位則得精確的掌握和記錄材料和耗料的使用數量。一般人從簡單的算式，輕易的就知道壓低採購單價、適時適量的採買和控制製造耗損，可以明顯的降低產品的材料成本，這樣的要求自然加諸在採購和製造人員身上。

・以改變設計來降低產品成本

他們對成本降低的貢獻，從金額的減少可馬上看到具體的成果。但是這種方式所壓縮的成本有它的限度，況且競爭者也會做相同的努力，成本差距將很快的被對手拉平。此時若成本減少的壓力仍在，材料清單成為最可以著力之處。研發單位如能改變原始設計，選用不同的零件、材料，或製造方法更有效率，就有可能大幅度的減少產品成本。這種降低成本的方式屢見不鮮，也是提升企業競爭力比較有效的方法，由此而建立的獨門知識，總是被視為企業最寶貴的資產，受到特別的保護。這類由研發單位發動的變更，通常稱為「設計變更」。

設計變更也經常只為了滿足客戶的特殊需求而調整原有的規範和設計，無論其目的為何，任何的設計變更都牽動材料清單的修正。只要修正就可能發生人工作業的疏漏，連帶的影響產品成本統計的準確度，併發誤用過時零件和增加庫存金額的問題。

若客戶要求設計變更研發單位卻低估增加的成本，以致售價不能完全反映真實成本時，額外投入的資源，可能保不住平均利益，甚而蒙受虧損；因為設計變更而不再使用的舊零件，最終總是以報廢或低價出售了結，直接衝擊當季的獲利，可見建立設計變更管控機制的重要。見微而知著，從企業對設計變更掌控機制的嚴謹度，可以看出企業管理能力的高下。

・物料編碼

有好的管理制度，方能統計出精確而真實的成本，進而帶來管理效益形成良性的循環。不論企業的營業形態是生產或銷售，產品類別和項目都很多，單項產品包含的零件更不計其數，材料和耗料亦復如此。要確保產品所使用的零件、材料和耗料的組成都不出差錯，那麼每一樣性質不同的東西就不能只以名字來區別，得給予一個不會產生認知差異的辨識符號。英文字母和阿拉伯數字成為各行業普遍使用的編碼工具，以這兩種符號可組合成無數的識別碼。身分證字號就是識別碼親身體驗最佳的例子。每一個人出生後，都得至戶政事務所登記以取得合法的身分，當時即被賦予一個獨有的證號。它絕對不允許有重複的情形，否則必然帶來許多的困擾，光稅捐稽徵可能引發的稅務紛爭，讓受害者想到就頭疼，更遑論刑罰的錯誤認定，更令人不寒而慄。

零件、材料、耗料的識別碼，擁有類似的功能，用它來管理種類和規格繁多的物品，很容易達到分門別類、井然有序、避免誤用、適量庫存的期望。識別編碼規則的設計，成為達到這些期望的關鍵因素。

管理者的求好心切，加上使用者寄望在目視編碼後，立刻獲知物料的全部特性，導引企業在建立編碼規則時，經常把目前使用物料的各種特性全部編入識別碼中，於是識別碼變得既複雜又冗長。如果設想的不夠周全，有些未來使用到的物料，在擴充空間不夠充裕下，可能找不到適當的編碼；或者物料特性的定義過於籠統，編碼可能因人而異，使編碼的唯一性受到質疑。這些因素都造成編碼使用上的障礙。一件物料可能產生兩種以上的編碼，或一個編碼卻有兩種不同的物料，這些錯誤必然影響成本統計的正確性。

・以電腦編碼減少差錯

電腦科技的進步改變了材料編碼的型式，解決了絕大部分人工編碼所帶來的問題。

材料的特殊屬性不再需要利用號碼的差異來辨識，因為某一個材料號碼只要鍵入電腦就可以顯示出它的全部特性；編碼的唯一性可藉助電腦的搜尋比對功能來確保；編碼的正確性更可藉材料各種特性的區別選單，由電腦自動挑選出對應的編碼，供編碼者選用確認，適度的規避人為判斷的偏差。因此材料編碼的位數除了必要而明顯的大、中、小分類外，其餘原本用來區分物料屬性的號碼，都可以流水號碼取代，大幅的減少編碼的位數、複雜度和出錯的機率。

一套不會出差錯，沒有重複零件、材料和耗料的編碼系統，不只有助於研發與製造單位建構正確的零件、材料、耗料清單，也有助於設計變更作業確實的掌握零、配件和材料的變化與影響，並得以正確的統計設計變更的真實效益和潛在的損失。

明確的資產清冊、歸屬對象和費用分攤規則

生產成本的三大要素：人工費用、材料費用和製造費用分攤，其中人工與材料費用的基礎準備和運作機制都建置完成後，生產成本的拼圖，剩下製造費用分攤這部分待處理。

它和間接人員費用分攤的型態相仿。這些費用雖然和某項產品或某項作業步驟有關係，卻不易精確而完全的歸屬其中，因此選擇某種特性做為大致的分攤基礎，成為成本統計時歸屬製造費用最普遍使用的方法。

在紛雜中欲求事情處理的既快又好，從關鍵處著手是公認的不二法門。

生產工廠每月所支付的製造費用品項繁多，其中以生產設備的折舊攤提、土地和廠房租金及水電燃料費用為大宗，如果先將它們正確的劃分至使用單位或作業步驟中，那麼大部分的製造費用就有了明確的歸屬，其他小金額無足輕重的雜項支出則容易處理了。

生產設備通常會依生產作業的大途程、步驟或工作群組，將歸屬和保管的權力劃分給經常使用的單位。這些設備必須依此劃分與歸屬分別做成財產清冊，意味著這些單位擁有這些資產、具備使用的權利和負保管的責任。為便於管理這些資產，企業通常會為每一件設備編一個號碼，製作一張小卡片黏貼在設備上方便辨識，並同步將號碼登錄於財產清冊。為了精確的統計成本，生產設備的歸屬得和各生產途程、步驟或生產單位吻合，不能只是最常見的以簡單流水號碼為區分，混合編製的資產帳務資料而已。

有些設備不一定找到明確對應的途程、步驟或工作群組，它具備多單位、多步驟共用的特質，則歸於共用設備。這些共用設備折舊費用的分攤方式，通常取決於使用單位的使用量，時間是最常被用來度量的單位，使用的愈多付的費用自然愈多，少有爭議。這些依生產途程、步驟和工作群組，並滿足成本統計需求正確劃分其歸屬的生產設備，在重新盤點後，全部登錄在各單位的財產清冊內，它不能漏掉下列用做費用攤提的重要資訊：購買的金額、法定的折舊年數、折舊的模式、每年和每月的折舊金額、折舊終止日期、折舊後的預估殘值。

人員會隨著需要而變動，設備也可能因生產步驟改變或工作群重組而調整，此時財產清冊也得隨之連動，製造費用的分攤方能貼近事實。

財產清冊不應只是企業清點資產是否存在的一本流水帳，每一樣生產設備都得有它明確的歸屬途程、步驟或工作群組，並具備隨著生產程序和組織異動隨時更新的機制，那麼成本統計的結果完全貼近現況，成本數據使用者憑添深一層的信賴。

將生產設備費用分攤至某個單項工作步驟中，通常是以該項工作步驟使用生產設備的時間來計算該分攤的費用。如果這台生產設備當月總共被使用了一百小時，某個工作步驟使用了其中的一小時，這個工作步驟就得負擔這台生產設備每月攤提費用的百分之一。

假設這台生產設備每月使用的時數提高為兩百小時，相同的工作步驟所使用的一小時，則只需負擔全部攤提費用的百分之〇．五，也就是說產品的成本，因為生產設備的使用率提高而減少。所以價格昂貴的生產設備總是日夜不停的運轉，即著眼於成本因此而降低。較低的單位成本加上數量增加的雙重效益，使獲利倍增特別耀目，設備投資金額特別龐大的電子產業，經營管理者均深得個中三昧，他們非常在意產能利用率就是這個原因，當折舊費用全部攤提結束時，所帶來的成本優勢，驟然大幅超越還在攤提設備費用的競爭者，競爭者的壓力不言而喻。

很多人都說親兄弟也得明算帳，錢財顯然是眾多紛爭的源頭，如果把錢財和難以切割的親情脫鉤處理，可避免因財而害情。

經營企業也有類似的情境。不論是關係企業或企業內的各單位均系出同源，經營管理者視之為親兄弟或左右手，以不分彼此、相互涵蓋的態度處理所有往來的事務。但是無可避免的私心私利卻常引發彼此間的嫌隙，反而壞了原本可以因互助而帶來的綜合效益；體質不好或表現不佳的單位，也可能在各種藉口下隱身其中，錯失改善先機。所以很多企業採用利潤中心的概念，藉由獨立運作自負盈虧的制度設計，強化每一個單位的體質和競爭力。

製造費用分攤時，分別統計各使用單位必須各自負擔土地和廠房的租金費用，就是基於相同的概念。每一個單位得依據實際使用的地坪、建坪、和分攤的公共部分，參考當地與當時的市場行情，算出他們應負擔的地租和廠租，由此所算得的成本，才貼近實況。

獨立的電錶、生產設備額定的耗水量和燃料油的領用單據，使這些費用歸屬至單位中極為明確，透過工作時間可再分配至各作業步驟中，不需要太多的準備功夫就做得到。

由這些基礎準備的項目與內容來看，真是經緯萬端。它涵蓋了企業經營各面向大部分的事務，只要牽涉到金錢花費的行為，錢的去向都得有明確的歸屬，來龍去脈得一清二楚，有條有理。換句話說，運作機制的設計，有相當大的一部分得考量統計成本的便利與真實度，相對的管理者欠缺章法的隨興之作必須大幅的減少。為了獲取精確的成本，經營管理的模式和內容被詳細的檢視、補強，制度化因統計成本而落實，成本的需求條件儼然成為營運制度化的觸媒，使制度化不再虛幻，益處還真多呢！

經營管理制度化和管理模式檢視與補強的責任，如果強加於統計成本的財會人員身上，顯然是不可承受之重。這些基礎準備的工作，毫無疑問得由經營管理者發起並統籌。他得召集所有的功能單位主管，組成一個跨單位的專案小組。每一項的基礎準備工作，分別指定一位功能部門主管負責整理資訊、建立標準結構、確定運作方式並落實實施，有些時候還得以調整組織來對應。

這樣的準備工作可能歷時數月或經年，端視企業目前系統化程度的高低而定。

當這些基礎準備工作在各單位通力合作下都完成後，正是財會人員展現專業能力，開始逐步建立成本架構的時候。架構具有完全系統化的特質，把紛雜的事務整理出頭緒，建立前後有序的邏輯關係，讓任何一位具備基本知識的人，依循所建立的結構，都能輕易的進入已設定的邏輯之內，知其前後關係、歸屬和組成，不會產生迷惑或困擾，我們稱這樣的作為為系統化。談到系統化，很容易讓人聯想到姓氏的族譜。一幅清晰的族譜結構圖，可以讓後代子孫輕易的追溯家族的起源和釐清親疏關係。財會人員如果參考姓氏族譜的結構精神，依樣畫葫蘆，一步一步有次序的也建置一幅成本結構關係，對望之令人生畏的成本，不啻為化繁為簡的一帖良藥。

系統化

建立產品類別結構圖

首先得把生產單位所提供連續生產、前後有序的每一個途程，各自依製造的困難度和複雜度，由簡至繁區分為各種大、中或小的分類。類別的區分揚棄傳統以產品功能為差異的區隔方式，改以做完這件事所花費成本的多寡為分類最主要的考量。每一個類別各自給予一個數字編號，以便於區分和稱呼。

大、中、小類別的數目愈多，組合的類別就愈多。如果單一個途程的大類別有八種，每一種大類別又各有五個中類別，那麼單一個途程不同成本之類別就有八乘五共四十種。

假設標準製造程序共有五個途程，它們分別有四十、十、八、九、二等類別，如果任意的挑選搭配組合成一個製造程序，最多可產生四十乘十乘八乘九乘二共五萬七千六百個組合，換言之，也會有五萬七千六百種不同的製造成本。

這種以計算成本為最主要目的所區分的產品類別，財會人員得把它們繪製成有層次隸屬關係的「產品類別結構圖」。第一層是製造的主要途程，第二層是途程所屬的大類別，第三層是中分類，依此類推。任何一位稍具產品知識的員工，從產品類別結構圖中，挑選出它所需要的大、中、小類別項目，把對應的成本加總，很快就能估算出任何一種產品組合的預估成本。

統計

統計人工時

在產品類別結構圖有層次分類的框架下，財會人員的下一個步驟是，得統計每一個最小分類的工作程序所耗費的人工時間。完成一個小分類的工作，可能得經歷許多更細緻的工作步驟，每一個工作步驟所花費的人工時間，應該都被詳細的規定並登載在製造單位制定的「標準製造、組裝、品管作業程序」中。它們也經常被稱為「標準作業程序」，英文簡稱為SOP。

人工時間如果能減少一些，產品的人工成本相對就少一些；連帶每一件產品分攤的製造費用，譬如：機械設備的折舊分攤也同步減少；單件產品的利潤因此增多，加上因時間減少而增多的生產數量所帶來的乘數效應，促使製造單位汲汲於人工時間的精算和精進。

製造程序改變、設備效率提升和工作人員的熟練度，都可以達到人工時間減少的效益，也是製造單位最常運用的方法。然而這些做為所帶來的正面效益，卻經常被其他的管理無效益所抵銷，譬如：材料供應不及和製造發生問題的停工等待、物品往復搬運路程曲折所致的無效率、設備故障維修、人員休假、休息、會議等，這些因素使製造產品的人工時間拉長，人工成本因而增多。所以財會人員在統計某一類加工程序的人工時間時，不能忽略這些因素的影響。

這些因素雖然隨機發生，但是在時間間距拉長之下，仍然可找到一個變動幅度不大，幾近固定的百分比，來彰顯這些因素平均耗用的人工時間。百分比數字的多寡，透過某一個時段實地量測工作時間和耗損時間，經過簡單算數計算而得。它和工作程序的特性相關，所以不同途程所得到的百分比也相異，其範圍從百分之十到二十都有可能。由百分比的數字可以看出，經營管理效率良窳對產品人工成本的影響不容小覷。因管理不善而導致的無效率行為，常因缺乏統計數據，安然隱身在視為理所當然的人工時間寬放百分比的數字之內，而被經營管理者忽略，成為長期侵蝕獲利的因子。

統計單位工時的人工費用

計算人工成本，除了人工時間外，還得知道企業雇用員工單位人工時間所支付的費用。企業雇用員工所支付的費用包羅萬象，從員工的角度來看，每週、每月或每年真正落入荷包的錢，才算是實得的薪資，這裏面就包含了：本薪、伙食費、加班費、各種津貼與加給、獎金、年終獎金及所得稅預繳金額等。從企業的角度來看，除了支付員工拿到的薪資外，還得支付政府規定和企業照顧員工的費用，例如：勞工保險費、健康保險費、退休金提撥、福利費用、團體保險費、服裝費、住宿費等等。落入個人口袋的薪資比企業付出的薪資少，所以前者又稱為狹義薪資，後者則稱為廣義薪資。

受到政府稅務法規的框限，欲獲得正確的薪資資訊，對財會人員而言是輕而易舉的事。它們得被轉換為單位工時的人工費用，再和工時結合才能算出某一個工作途程或步驟所耗用的人工成本。釐清工作人員在支領薪水期間內的全部工作時間，以廣義的薪資除以全部工作時間所得到的結果，就是某一位工作人員在指定時段內單位工時的人工費用。

統計直接人工單位工時費用

對於以流水式生產模式為主的中、大型企業而言，如果生產成本以每一位工作人員的人工費用來精算，必然耗用太多的企業資源，所得到的結果卻未必帶來管理效益。這些企業大都將從事相關工作的員工聚合成群，同一群內員工們的薪資水準也大致相同，因此以群內所有人員的廣義薪資費用，除以指定時段內群體人員全部的工作時間，所得到結果足以為人工費用單位工時的計算基準。

工作性質迥異的各個生產途程，工作人員的薪資水準並不一致，所以單位工時的人工費用也不相同。這些歸類為直接人員的單位工時人工費用，我們稱它為：直接人員工時費用。

直接和間接人員的區別，取決於他的工作內容和生產線上的工作步驟是否有直接的關連，工作時間是否很容易以時間段落或起迄時間，記錄在格式化的登錄表內，並輕易的歸屬於某一個工作步驟中；如果答案是「是」，則是直接人員，「否」則為間接人員。

統計間接人員單位工時分攤費用

間接人員因工作性質之故，以致其薪資費用無法透過工作記錄明確的歸屬於特定的工作步驟，按直接人員工時的多寡來分攤，是普遍被認為合理的方法。某一個時段所有間接人員廣義薪資的總合，除以全部參與分攤各單位直接人員的總工時，所得到的結果就是單位直接人工工時負擔間接人員薪資的費用。

同為間接人員，和直接人員的關係程度也有親疏之分。直接單位本身專屬的間接人員，彼此間的關係密切，其薪資費用全部由這個直接單位的直接工時分攤。一個純粹的間接單位，其工作內容和數個直接單位有關，彼此間的關係被瓜分，因此較為疏遠，此時這個間接單位所有間接人員的廣義薪資，由這幾個直接單位的總直接人工工時分攤。

這些經過細心求證和統計的人工工時、直接人員單位工時費用、間接人員單位工時分攤費用，和產品成本結構、製造途程結合在一起，稍微運用製表的技巧，就可以完成一張以生產途程為縱軸，產品成本組成結構圖為橫軸，內含標準工時、標準人工成本的「標準人工工時成本」表格。

按表格索驥，點選需求因素後，立即可找到對應的「標準人工工時成本」。

統計設備工時費用

人工工時除了用來計算製造產品所花費的人工工時成本，還可以用來計算它所耗用的「設備工時費用」。現代化的製造工廠，設備購置的投資金額極為龐大，這些投入的資金，都將藉由所購置設備製造出的產品出售後，在未來的數年或十數年內，陸陸續續的回收。任何設備都有該設備供應者，設計之初所設定使用長短不一的年限。同樣的設備使用年限如果愈長，產品所分攤的設備成本就愈少，產品因此比較有競爭力，但是相對的設備的投資回收期拉長，而不利於投資者投資資金的回收。相反的，使用年限如果縮短，產品分攤的設備成本就多，設備投資的回收期看似可因此而縮短，但是因為產品成本因此增加，競爭力降低，結果可能不如預期。

各國政府對不同的設備都訂有使用年限的規定，所有的企業一體適用。在這規定的年限內，每年所分攤的設備費用被稱為設備折舊費用；從另一個角度來看，設備折舊年限也就是法規認定的設備費用回收年限。由此而知，企業在投資購置設備時，顯然得考慮到設備購入費用的高低、設備效率、設備在法定折舊期限內的預估使用率和設備維護費用等對產品成本的影響。

一樣東西是否歸屬為設備，和它購置的金額有關。某些金額較小的裝置，雖然實際可以使用的年限也很長，如果按年、月攤提費用，將增加許多的處理成本卻又不會帶來管理效益，因此都歸入購置當期的費用項目中即時報銷，成為製造費用的一部分。

設備工時費用的計算和分攤方式，和人工工時費用的計算或分攤方式非常類似，它也分為直接設備和間接設備兩種型態。

由某一個工作步驟專用的設備，稱為這個工作步驟的直接設備；在某一個途程內，由許多工作步驟共用的設備，稱為這些工作步驟的間接設備(1)；如果這些設備是由許多途程共同使用，則稱為間接設備(2)。間接設備(1)和間接設備(2)本質上都是間接設備，以(1)和(2)區分是便於分別計算其每單位工時分攤的設備費用。

為了要精確的計算某一個工作步驟所耗用的設備工時費用，所有的設備按照直接設備與間接設備(1)、間接設備(2)的定義，分別正確的歸屬至途程、工作步驟或工作單位，則非常重要。此時的資產清冊不只是具備登錄和管理資產的基本功能，和製造程序結合後，還能成為用來計算某一個工作步驟耗用設備成本的基礎資料。

把某個途程、工作步驟或工作單位直接隸屬設備的法定每月折舊金額加總後，除以這個途程、工作步驟或工作單位某個月的直接人工總工時，所得到的結果，就是單位人工工時所耗用的直接設備費用。

相同的道理，單位人工工時所耗用的間接設備(1)或間接設備(2)的費用，則是將那些被使用到的間接設備的法定每月折舊金額加總後，除以共同使用這些設備的途程、工作步驟或工作單位某個月直接人工總工時的合計值，所得到的結果就是單位人工工時所耗用間接設備(1)、間接設備(2)的費用。

將直接設備、間接設備(1)、間接設備(2)的單位工時費用，和產品成本組成結構因子、製造途程結合在一起，運用製表技巧，同樣可以完成一張類似於標準人工工時成本的「標準設備工時成本」

統計材料成本

完成了「標準人工工時成本」和「標準設備工時成本」，產品所包含的全部成本看似完成了其中的三分之一；但是，因為建立數據的過程中，界定了產品結構製造途程、人工工時、直接間接人員和直接間接設備，以完成度來說，實質上已超越了一半以上，剩餘的材料、耗料、零件與製造分攤之費用計算，相形之下就不難了。在產品成本結構的三大元素：人工費用、材料費用、製造分攤費用中，材料費用所占的比重最大，經常佔全部產品總成本的七、八成或更多。材料成本控制是否得宜，攸關產品競爭力的強弱，因而受到經營管理者極度的關注，跨越功能組織親自操控，或限定親人處理者所在多有。看似慎重行事，實質上卻常因持續度不夠，或專業能力不足，導致鉅額損失的例子不勝枚舉。

‧原材料、耗料和零配件之定義

產品的材料成本中包括三樣東西的費用：原材料、耗料和零配件。

如果一樣東西經過生產工廠的工作步驟，改變了形狀或附著在產品的某個部分上，成為產品的一部分，雖然過程中有些耗損，但大部分被保留下來，那麼我們稱這樣東西為原材料。如果它只是用來幫助產品成型，本身並不會成為產品的一部分，則稱為耗材。如果它本身就是一件完成品，幾乎無需再做任何處置，可直接運用在產品並附著其上，則稱為零配件。

使用數量的多寡和購買價格的高低，決定了產品的材料成本。因此製造工廠都非常在意材料運用的效率、購買的時機與一次購買的數量。

如果能夠有效的運用材料、減少生產過程中的耗損，材料成本就能降低，所以製造工廠在「標準作業程序」中，會指定各工作步驟材料使用的標準量，並包含工作過程中必然存在的耗損；耗損率視各工作步驟的特性而異，也和生產工廠的管理能力及生產數量有相當的關係。鬆散的管理和多樣小批量的生產模式，在工作人員不經意中，和人員能力始終處在不熟悉的養成階段，耗損率必然高偏，耳熟能詳的制度化管理與適當的生產批次可有效的避免它的發生，可惜常在強烈的人治色彩與業績壓力下被拋在腦後，以致成本增加並引來客戶抱怨，削弱了產品的競爭力，得不償失、適得其反。

財會人員在獲得這些由工程師們制訂的用料標準後，仿前面的作法，得花點時間整理出一份以途程為縱軸，產品成本組成結構因子為橫軸，內含：成本計算之標準工時類別、原材料、耗料、零件名稱與規格及標準耗用量的表格。這類表格的表現方式和「標準人工工時成本」、「標準設備工時成本」相同，加入材料的單位價格後，即可計算出材料成本。

・材料的滾動平均價格

材料價格隨市場供需平衡狀態而定，也隨企業的購買總量、購買時機、供應商佈局及彼此間之依存關係而定。總括言之，材料價格的變動理所當然。

財會單位如果採用當前的市場價格計算材料成本，似乎最能反映它的真實狀況，卻可能因為製造工廠使用的是之前以不同價格購入的庫存材料，使材料成本失真。把庫存品及當前購入材料的價格和數量等兩個因素均納入考慮的「滾動平均」價格，雖然不能百分百的反應真實的情況，然前後期的平均值已相當接近實況，而廣為企業界所採用。

其計算式並不困難，把之前的庫存單價乘以庫存數量得到庫存總金額，及最近一次購買的價格乘以購買的數量得到購買總金額，兩者金額之和除以兩者數量之和，得到的結果就是目前材料的單價；它也是目前庫存材料的單價。

改日新購材料入庫，沿用相同的計算公式又可得到另一個新的材料價格，延續變動不斷，隨勢而進因而稱為滾動。

完成人工費用、設備費用分攤、材料費用的計算後，產品成本的內容剩下最後一項：其它製造費用分攤。

統計其他製造費用

當製造單位被視為一個單獨的功能部門，和其他功能部門皆為企業組織中的一員時，財會單位每月在統計各部門的花費時，常以「製造費用」統稱製造單位所花的全部費用。其中包括：人員的薪資費用、耗用的材料費用、機械設備的折舊攤提費用和其它的各項開支等。

人員的薪資費用、耗用的材料費用、機械設備的折舊攤提費用，在計算產品成本時，因金額龐大且重要性高，加上和工作步驟有直接的連結，已分別被提出歸入「人工工時成本」、「標準設備工時成本」和「材料成本」中，剩下的其他開支，項目繁多瑣碎、金額較少或不定時發生，且不一定和工作步驟有直接而明確的關聯，則全部放在一起，名為「其它製造費用」，依照費用分攤的通用原則，仍然可按工時多寡分攤至各工作步驟中。它和以部門別區分的「製造費用」，在內容項目和金額上，有多寡的差異，故冠上「其它」以茲區別。

其它製造費用中，以水、電、燃料費、房租、地租和設備維修或模具費用占大宗。這些經常性支出歸屬至製造單位時，財會單位基本上以實際使用的數據為準，若無人為登錄的錯誤，通常不會影響產品成本的正確度。

其它製造費用分攤，依循前述相同的原則分為：其它製造費用分攤(A)和其他費用分攤(B)兩種。其它製造費用分攤(A)，是製造直接單位所支付費用的分攤金額；其它製造費用分攤(B)，是製造幕僚與間接單位所支付費用的分攤金額。

將(A)(B)每月支付的總額分別除以當月的直接人工總工時，得到其它製造費用(A)和(B)單位工時應分攤的成本。仿前例製作類似的成本表格，可以清楚的顯示，不同途程在各成本計算標準工時類別、各種加工情況下所應分攤的其它製造費用。

彙總成產品製造成本

成本統計在完成其它製造費用單位工時所分攤的成本後，大功即將告成。現在只要將前面各步驟所確定的人工成本、設備成本、材料成本、其它製造費用分攤成本彙總在一起，即可完整而清晰的顯現各類別產品的製造總成本和細項成本。

拿一樣產品的製造成本和零售價格相比，你一定會驚異其巨額之價差。對不熟悉商業行為內含和細節的普通消費者而言，實在難明究理，免不了在心裏對高昂的售價嘀咕，如果知曉個中原委，可能因此釋然。

製造成本和零售價格間的差異，由下列因素所購成：研發費用、管理費用、銷售費用和企業的利潤。

研發費用

一樣產品從構思轉變成實品，並且大量生產，得經歷漫長的時間，投入大量的人力、物力、經歷無數的嘗試錯誤和努力，這些行為都得花費大量的金錢，它們得藉由後續的產品銷售逐漸回收。這些被稱為研發費用的支出，成為產品成本的一部分，有些時候這些費用可以歸屬至特定的產品，有時候難以確定對象，則以分攤方式處理。

管理費用

一樣產品在製造工廠進入大量的生產階段時，投入心力的除了生產單位外，還得接受其它單位的通力協助，才能順利的製造產品。譬如得依賴資訊單位建構和維護資訊系統；人力資源單位協助徵聘和訓練員工，解決人員流動的問題；管理單位負責訂定管理規章，維持紀律和處理一些令人心煩的瑣碎雜事；財會單位幫忙調度資金、結算帳務；管理階層的主管負責規劃、對外交涉和全方位的管理。這些行為的花費併在一起，稱為管理費用。

銷售費用

做好的產品如果沒有管道，則送不到客戶手中，因此得透過複雜的銷售通路鋪貨到市場上販售。銷售人員得鼓起如簧之舌、推銷產品，行銷單位得製作廣告，透過各種媒體廣為周知，物流人員將產品如期送到客戶的手中，發生問題還得提供快速的售後服務建立口碑，不時的推出促銷方案刺激買氣增加銷售量，這些花費統統稱為銷售費用。它和研發費用、管理費用都是產品成本的一部分，結合製造成本後，方可描繪出一幅完整的產品成本結構圖。

加上銷售管道各個環節應有的利潤後，所得到的零售價格數倍於製造成本並不為過。

如果一個企業既有生產工廠，也有研發、管理和銷售單位，它已經具備了完整的企業功能。這樣的企業如果期望有較高的獲利比率，從產品成本結構的組成因素來看，除了得分毫必爭的掌控製造成本外，還得著力於控制具有彈性特質的研發、管理、銷售費用的支出。

這些費用不像產品的製造成本，可以工作時間、材料使用量和相互比較，得到精確控制的效果。其投入和獲得之間，不易找到確實對應的關係且難以量化，花費是否恰當與值得，全憑管理者的自由心證，因為難以捉摸，常成為企業損失的主要根源。

這些單位每月支出費用的總額，除以製造單位每月的總工時，所得到的結果就是單位工時應分攤的研發、管理、銷售成本，結合製造工時即轉化為應分攤的金額。將這些數據顯示在成本結構圖中，可以清楚的顯示各產品類型，包含：製造、研發、管理、銷售，所有成本項目的成本金額和比例。

良率變動狀態下的成本

事情看似完成，但尚未結束。

當我們一開始以工時為基礎計算各項目相關的成本時，是假設製造過程始終都維持在標準狀態，材料的使用量亦復如此。但事實上，各種狀態可能都會發生。有時候某一批的製造狀態非常穩定，和原先設定的標準值極為接近，另一批則可能不同於標準值，並有很大的差異。這樣的變動在製造過程中，隨時而異經常發生，甚至可視為常態現象。既有變動，產品的實際成本就不會和標準條件下的產品成本相同。當變動的狀態低於原先設定的標準值時，產品成本自然提高。

生產過程中的各項變動，最終都可以產品良率來表示變動的幅度。假設標準情況下，產品良率百分之百的單件產品成本，是前面所統計的標準成本，那麼良率百分之九十五的單件產品真實成本就是標準成本的一點零五倍；將標準成本除以品質良率，所得到的值，差不多就是良率百分之九十五時的真實成本。依此類推，各種變動狀態下的產品成本則不難算出。雖非完全的精確，但足以為管理者所用。

真實成本的統計

由前述的諸多步驟和計算式所得到的產品成本，非常適用於連續批量的生產模式。如果想更進一步的統計每一個途程、每一個工作步驟，在各種變動狀態下的成本費用，運用相同的邏輯和計算式，放入單一批次生產個作業步驟的真實數據，包括：指定人工、工時、使用設備、材料用量和設定的分攤費用及良率，得到的結果就是每一個作業步驟在某一批次中的真實成本。

企業欲獲得細微的真實成本，可能是在現行的運作制度下，毫不費力即可得到；也可能得耗費大量的資源，重新建構作業體系才能得到。如果因此得到的管理效益遠大於資源的投入，自然值得企業花費心力建構新的作業步驟，否則很可能虛耗了寶貴的企業資源。

小量多樣生產的真實成本

有些生產工廠的作業型態，和大批量連續不斷的模式大相逕庭，每一次生產的量不多，但是產品的變化卻可能不少，生產過程中的作業步驟也不單純。如果財會單位以標準成本的模式計算這種生產類型的產品成本，那些經平均或加權調整後的成本費用，對管理者而言，僅具有限的參考功能，但缺乏實質管理的效益。當成本數據欠缺每一個工作步驟現時狀態下真實花費的數據，只拿調整後的成本費用和預期費用比較差異的幅度，管理者可能因此錯失即時糾正問題的機會，會使問題逐漸深埋著根，衍生其它的問題並糾結不清，徒增解決的難度。

真實成本的即時顯現，對這種生產型態的工廠而言相形重要。如果現在的運作制度，真實成本尚未能藉由資訊系統，自動及時的產出，適當的人工作業記錄，其實也可以達到相同的結果。生產管制人員只需在下達單項產品的工作命令時，同時開立一張成本計算單，讓各工作站的作業人員能便利的記錄物品進入、移出的時間、領用的材料、產品的良率、使用的設備並簽上姓名，當所有的工作步驟都完成時，套入事先設定好的成本計算公式，產品的各項成本費用，同樣可即時算出。如果每一個工作步驟都有預先設想的成本預算，兩者相比差異立現；當差異超過一定比例，醒目的紅色數字，足以敦促管理者即時探究原因並加以控制，事情就不致於惡化。

當單位人工工時的費用、單位材料費用、設備分攤費用、製造分攤費用、及銷、管、研分攤費用的變動率均不大時，運用個人電腦的計算功能已綽綽有餘，未必需要複雜的資訊系統。眾多的小型企業，只要基本準備步驟完善，欲得即時的真實成本，不過在彈指之間。

運用

如何運用成本數據

一般人在日常生活中，盡可隨興的做一些實際上沒什麼意義的事，可能只是純粹的打發時間、博君一笑或用來抒發心中的鬱悶。這些被稱為無聊的事，或許浪費了個人一些時間，比起正努力累積成功因子的同儕，可能在達成目標時程上落後了一些；但無論如何，都是個人的自由，旁人難以置喙。

在一群人組成的企業中，如果這些沒有實質意義、無聊的事到處發生，影響的層面就廣泛了。它好比把辛苦累積的資源不斷的往水裏丟，當資源逐漸耗盡、競爭力不如對手時，企業只有退出競爭的行列，立即影響到無數家庭的生計，也可能引發其他的社會問題。

如果花費了許多人力、物力計算出來的成本數據，只侷限在製作財務報表和申報稅務的用途，卻未充分的運用於管理水準的提升，如此大費周章的建立真實成本計算的機制，和無聊的行為並無太大的差異。

真實成本因為能即時顯現產品成本的各項數據，管理者因此能馬上知道它是否符合原先的預估費用；如果有差異，也知道差異的所在、大小和程度。產品製造上的任何差異，如果都能轉化為金錢，原本統計單位並不相同的項目，就可從金錢數字的大小顯示出差異程度的輕重，更精準的決定解決問題的優先次序。如果人力成本過高，人員的工作效率、人員和生產程序的安排和直接、間接人力的配置就值得注意；如果設備成本偏高，設備的利用率、設備的選用、設備的操作效率可能不是那麼恰當；如果材料費用太多，可能材料使用效率偏低，損耗太多或材料的購入費用過高，也可能是設計者的指定偏好所致；各種的分攤費用則可從費用科目中，逐一探討其必要性，並補強管控機制。

比起時間、人數、百分比等冰冷的數字，金錢較容易引起所有人的關注，畢竟我們對十分鐘的認知遠不及一千元來得強烈。因為真實成本隨著某一批次產品的製造程序、物品推移的時間，即時而陸續的顯現；經營管理者的管理模式，也由傳統的每月看財務報表，從綜合統計的差異項目，逐項探索其構成要素，來發現它可能發生原因的倒溯方式，進步到類似於主管臨櫃，當場解決問題的模式。立即處置意味著損失可被有效的控制。眾所周知，聚沙可成塔，滴水可穿石，企業因錯誤所累積的損失，經常是企業經營最大的致命傷。如果因為真實成本的統計，可達到損害即早獲知和控制的效果，這樣的做法就很讓人振奮而期待。

這些滴水穿石式的損失，和聚沙成塔式的累積，不只發生在原本即受關注的生產層面，它藉由各種形式隱藏在企業內的各個角落。大型企業轄幅寬廣，這種隱而不彰的項目尤其眾多。以下的一些例子可供借鏡。

會議的成本

近年來溝通的議題在企業管理上廣受關注。藉充分溝通之名，集合眾多人共同參與各自發表意見的會議，似乎已演變成解決問題最普遍的方法。所有的主管均樂此不疲，員工也依樣畫葫蘆，以致大小會議充斥在企業中，耗費掉許多人原本可以用來處理事情的工作時間，於是以增聘人手來解決工作時間不足的問題，經常性的加班是另一種彌補方式。當有效的工作量不變，增聘人手的費用和加班的額外支出，換言之就成為這些大小會議所付出的費用。它的代價是使處理事情的費用增加，這些增加的支出最後都得轉嫁為產品的成本，間接的影響企業的獲利金額。

難道沒有更好的方式可以讓訊息的傳遞更順暢、更有效率嗎？處理事情的方法標準化、事前周密的規劃與準備和真實狀態的即時顯現，都可以達到事先預防和廣為周知的效果。那些讓各級主管樂此不疲、工作人員疲於應付的會議到底花了企業多少的費用呢？似乎很少有人仔細的計算過。

包含各種津貼、福利、社會保險、獎金和本薪在內的廣義薪資，除以每月的總辦公時間，得到的結果就是個人單位時間所支出的費用，暫且稱它為費用(A)，除此而外，你還得和同一部門的同仁共同負擔租用辦公場所、使用辦公設備和水、電、文具等雜支的費用，這些費用除以同部門每個月的總辦公時間，得到的結果，就是個人單位時間所支出的分攤費用，暫且稱它為費用(B)。費用(A)加上費用(B)，乘上會議所花費的時間，是某一個人參加會議，企業所付出的費用；把參加會議所有人的耗費全部加總所得到的和，就是該會議的成本，暫且稱它為費用(C)。

企業支付這些費用的最終目的，是希望因此而獲利，如果會議顯而易見的未達到賺錢的目的，那麼沒有賺到的錢則成為該會議的機會成本。

把企業全年度的淨獲利金額，除以企業的資本額，得到的結果是企業每投入一塊資金應該賺的錢，暫且稱它為(D)，乘上會議的成本費用(C)，所得到的結果就是這場會議的機會成本。

一場沒有任何具體結論的會議，和一場目的和獲利之間沒有明顯關聯的會議，會議的成本是費用(C)加上機會成本；一場可以用其他方式取代的會議成本是費用(C)；這些支出的錢，因為沒有帶來任何效益或可以用其他無須支出費用的方式取而代之，因會議而支出的費用則成為企業的損失。

電子郵件的成本

藉充分溝通之名，和頻繁的會議有異曲同工的是幾近氾濫的電子郵件。拜網際網路和資訊科技快速發展之便，一封電子郵件只要一個按鍵，幾乎不需要額外的支出，就可以傳送給無數的人。因為它不像傳統的紙本郵件，需要人工謄寫、複印、開立信封、黏貼郵票、投入信箱或特地跑一趟郵局，既費錢又費時。電子郵件的收訊對象因此在未刻意篩選之下，幾無節制。方便的社群設定，使每一位在辦公室的工作人員，一日內湧進數十封或百封的電子郵件是稀鬆平常的事。

閱讀一封普通的電子郵件，假設是兩分鐘，每天五十封就花掉你上班時間的一百分鐘。如果其中有八成和你經辦的事務沒有直接的關係，知與不知道這個訊息沒有兩樣，那麼花費一到一點五個小時閱讀電子郵件的時間就浪費掉了。其浪費的成本，和花費一到一點五個小時參加沒有任何具體結論的會議，或一場目的和獲利之間沒有明顯關連的會議的成本：費用(C)加上機會成本，是一樣的。每一個人每天都重複相同的浪費行為，耗費的成本令人咋舌，許多的損失就這麼隱身在習以為常的作為中而不自知。甚至企業內的各階主管起帶頭的作用，下屬群起效尤。

作業程序的成本

中大型的企業組織健全員工人數眾多，雖說人多好辦事，但處理事情的效率卻往往不如小型的公司，這和作業程序的長短有極大的關係。組織內的層級愈多，相同的一件事情所經過的關卡就比層級少的組織來得多。不論用什麼方式經過關卡，都得花費一些時間，如果這些時間是用來解決實質的問題，或處理這件事情，它所花費的時間當然必要而值得；如果不是，只是純粹的過手、知曉等因奉此的形式審查，那就是浪費。因為時間代表金錢，最終都成為產品的成本。

企業的經營管理者常為組織內間接人員數目的多寡而困擾，但少有企業從統計處理一件事情所耗用的人工成本和分攤的費用，藉作業程序的合理和效率化，來檢視間接人員數目的適當性。它的計算方式其實非常簡單，只要把處理這件事各步驟耗用的時間，乘上各處理者單位時間的薪資費用支出和分攤之辦公費用，得到的和就是處理這件事情的全部成本。企業如果想要節省成本，只消省略那些非必要的步驟，或使用有效率的工具，就能使時間縮短、成本降低。換句話說，處理事情的數量不變，人數卻得以精簡，因此而減少的人事支出就是成本節省的金額。

因人而設事、組織體系疊床架屋、非必要的多重監督、往復來回的作業程序、把特殊狀態的處置方式一般化、使用傳統工具、任意添加、隨意拼湊而成的作業程序、處理事情從未思考作業成本和整體效率，幾乎就是那些具有龐大身軀企業的寫照。

整理資料、製作報表的成本

充分的資訊是管理者採用適當管理作業的利器，但是過多的資訊卻成為員工的災難。運籌於帷幄中，決策於千里外，是充分運用資訊的最佳寫照。當辛苦整理的資訊被仔細的解析，呈現出企業某個特定面向的真實狀態，並由此得知問題或發生問題的原因，經營管理者也隨即採取對應的措施，這種情況下企業所投入於資訊蒐集、整理、解析、研判的所有花費就非常的值得。

但是很多主管欠缺充分而有效的運用資訊的能力，它們只是想要知道，甚至經常是臨時起意的希望知道一些事情，下屬就得花九牛二虎之力，努力蒐集資料和費心的整理成報告。當主管閱讀完資料知道狀況後，如不知如何解析以獲取數據背後的含義，自然不可能期望他會採行什麼當為的管理手段。當花費的時間不能帶來任何效益時，它就是企業的損失，而成為產品成本的一部分。

蒐集、整理資訊、製作成統計報表、傳遞或列印、說明與討論和歸檔所耗費的時間，乘以所有經手者單位工時的薪資費用和分攤費用的總和，就是製作一份報表的成本。當這些成本以人見人懂的金錢來表示時，大部分的管理者立刻就知道如何在成堆累牘的報表中取捨。以分鐘計時昂貴的諮商服務費用，讓使用者自動節制並提高利用效率是最好的例證。那些可有可無的統計資料統統可以省略；許多的統計和整理也可完全交給資訊系統自動產出，以減少人工費用的支出。

庫存品存放管理成本

資金、人才、累積的經營知識和信譽，是企業最值得珍惜的四樣東西，管理者似乎都知道它們的重要性。

資金因流動而帶來獲益，如果流動的愈頻繁獲益則愈多，表示資金的運用效率愈高，所以放在手邊不流動或流動很慢的資金，應該是愈少愈好。有些企業的經營者面帶得意之色的自誇擁有超多的可用資金，不禁讓識者聞之失笑。

企業內最容易產生閒置資金的地方就是庫存，所以管理良善的企業，處心積慮的希望將庫存控制到最低的水準，最好是零庫存。這意味著企業花錢購買的東西，進到企業後得在最短時間內轉售給客戶。

庫存到底會耗用企業多少的成本呢？讓我們仔細的算一算。

因為企業的營運資金大部分得自於銀行的貸款，因此企業買東西使用的錢，得依照銀行的借貸利率算它的資金成本。當這些可以用來轉售的東西，只要一進入企業體內，就成為企業的庫存，擺放的時間乘上資金借貸的利率，就是企業因庫存結結實實付出的費用。庫存時間愈長，付出的資金成本則愈多。

東西放在庫房得占有一定的位置，在這個寸土寸金的時代，占有位置就表示必須付出金錢。東西放在庫房還得雇人管理，管理者做了這些事情：東西點收後入庫，開堆高機將東西放在物架上，偶爾得移動位置稍事整理，定期清點並列印出庫存異動名細和庫存清單，擺久了還得派人檢討原因，使用時得取物扣帳；這些雜瑣事情都得運用到人力、機械和辦公設備，因此而產生的費用，則稱之為存放管理成本。

這些花費有點零碎，如果詳細計算費時又費力。有一個簡單的方式，不失精準，又可做為管理改善的依據。那些對庫存物品的進出和保存，全程負責的倉儲公司，對各種物品的代管費用，經過精算和激烈競爭下所開出的單位時間、單位材積的費用，是現成可用來統計存放管理成本的數據，乘以庫存品的總材積和時間所得到的和就是存放管理成本；加上資金成本，可以清楚的顯示庫存品所耗用的企業成本。如再加上庫存品擺久的跌價損失和損耗，經營管理者辛辛苦苦在各處賺到的錢，可能全數被庫存給消耗殆盡，白忙一場。

BOSS館05 PI0020

成本幫你做事

作　　者／施耀祖
責任編輯／鄭伊庭
圖文排版／王思敏
封面設計／王嵩賀

發 行 人／宋政坤
法律顧問／毛國樑　律師
印製出版／秀威資訊科技股份有限公司
114台北市內湖區瑞光路76巷65號1樓
電話：+886-2-2796-3638　傳真：+886-2-2796-1377
http://www.showwe.com.tw
劃撥帳號／19563868　戶名：秀威資訊科技股份有限公司
讀者服務信箱：service@showwe.com.tw
展售門市／國家書店（松江門市）
104台北市中山區松江路209號1樓
電話：+886-2-2518-0207　傳真：+886-2-2518-0778
網路訂購／秀威網路書店：http://www.bodbooks.com.tw
國家網路書店：http://www.govbooks.com.tw
圖書經銷／紅螞蟻圖書有限公司
114台北市內湖區舊宗路二段121巷28、32號4樓
電話：+886-2-2795-3656　傳真：+886-2-2795-4100

2012年11月BOD一版
定價：200元

國家圖書館出版品預行編目

成本幫你做事 / 施耀祖著. -- 一版. -- 臺北市 : 秀威資訊
科技, 2012.11
面； 公分. -- (BOSS館05 ; PI0020)
BOD版
ISBN 978-986-221-993-5(平裝)

1. 成本會計

495.71 101017551

讀者回函卡

感謝您購買本書，為提升服務品質，請填妥以下資料，將讀者回函卡直接寄回或傳真本公司，收到您的寶貴意見後，我們會收藏記錄及檢討，謝謝！
如您需要了解本公司最新出版書目、購書優惠或企劃活動，歡迎您上網查詢或下載相關資料：http:// www.showwe.com.tw

您購買的書名：________________________________

出生日期：________年________月________日

學歷：□高中（含）以下　□大專　□研究所（含）以上

職業：□製造業　□金融業　□資訊業　□軍警　□傳播業　□自由業

□服務業　□公務員　□教職　□學生　□家管　□其它_____

購書地點：□網路書店　□實體書店　□書展　□郵購　□贈閱　□其他

您從何得知本書的消息？

□網路書店　□實體書店　□網路搜尋　□電子報　□書訊　□雜誌

□傳播媒體　□親友推薦　□網站推薦　□部落格　□其他__________

您對本書的評價：（請填代號　1.非常滿意　2.滿意　3.尚可　4.再改進）

封面設計____　版面編排____　內容____　文／譯筆____　價格____

讀完書後您覺得：

□很有收穫　□有收穫　□收穫不多　□沒收穫

對我們的建議：________________________________

____

____

____

請貼
郵票

11466
台北市內湖區瑞光路 76 巷 65 號 1 樓
秀威資訊科技股份有限公司 收
BOD 數位出版事業部

(請沿線對折寄回，謝謝！)

姓　　名：＿＿＿＿＿＿＿＿　年齡：＿＿＿＿　性別：□女　□男

郵遞區號：□□□□□

地　　址：＿＿＿＿＿＿＿＿＿＿＿＿＿＿＿＿

聯絡電話：(日)＿＿＿＿＿＿＿＿　(夜)＿＿＿＿＿＿＿＿

E-mail：＿＿＿＿＿＿＿＿＿＿＿＿＿＿＿＿